空间·建筑·环境设计快速表现

THE PROMPT EXPRESSION OF SPACE, ARCHITECTURE AND ENVIRONMENT DESIGN

么冰儒·编著

U0196297

中国建筑工业出版社

图书在版编目（CIP）数据

空间·建筑·环境设计快速表现 / 么冰儒编著 . —北京：
中国建筑工业出版社，2019.9

ISBN 978-7-112-24128-6

Ⅰ.①空… Ⅱ.①么… Ⅲ.①建筑设计－绘画技法
Ⅳ.① TU204

中国版本图书馆 CIP 数据核字（2019）第 179887 号

责任编辑：胡　毅
责任校对：王　烨
装帧设计：房惠平
装帧制作：李　政

空间·建筑·环境设计快速表现
THE PROMPT EXPRESSION OF SPACE,
ARCHITECTURE AND ENVIRONMENT DESIGN
么冰儒　编著
*
中国建筑工业出版社　出版、发行（北京海淀三里河路 9 号）
各地新华书店、建筑书店经销
北京富诚彩色印刷有限公司印刷
*
开本：787×1092 毫米　1/12　印张：17　字数：455 千字
2019 年 11 月第一版　2019 年 11 月第一次印刷
定价：**128.00** 元
ISBN 978-7-112-24128-6
（34638）

内容提要

本书是编者在广州美术学院环境艺术设计专业近 26 年的学习和设计教学中对手绘探索与实践的总结。全书把手绘设计表达的理论知识和实践技法操作结合起来，集合了家居空间、办公空间、餐饮空间、商业空间和展览公共空间等专题设计范畴。在编著结构上，从点、线、面布局，色彩、构图要领等基础入门技法，到室内空间概念设计草图解析，室内空间的基本单体形态的透视分析、材质表达、局部图形的组合与构成表现，再到各种形态的室内空间表现，建筑外观、门面的表现及园林景观的快速表达和风格解析，内容由浅入深，循序渐进。

全书通过将设计、绘画美学思维与手绘表现结合起来，强调设计表达过程中各种空间关系的处理，以协助设计师把设计思维与手绘表现结合起来思考和练习，从而更加有效地运用手绘表达技巧，合理地选用适合自己的手绘表现手段，继而推动自己的设计思维。

本书不仅仅是纯粹的图片展示，其结构循序渐进，每章都配有相应的理论知识和技法展示，从设计师的角度逻辑性地对学习者进行引导，为读者的可持续学习提供了可能，使他们能够更快、更好地掌握手绘的学习方法。全书既涵盖了手绘绘制技巧的基础内容，又通过大量室内外手绘作品的赏析，进而对风格化手绘技法表现展开了积极的探索与创新。将手绘表现从效果图层面升华到一种绘画美学形态的表现，是本书想要传递给读者的核心信息。

本书适合从事建筑设计和公共艺术设计的建筑师、室内设计师、园林设计师、城市规划设计师，大专院校环境艺术设计相关专业的师生，以及对手绘表现有兴趣的读者参考阅读，诚挚希望可以给读者们带来一些新的视觉感受和启发。

序言

体验中"手绘"　跨界中"表现"

么冰儒关于"手绘快速表现"的实践与研究，至今已持续近二十年。其间，她从才气初露的青葱学子，到驾驭讲台的青年教师；从按捺住绘画冲动的艺术才女，到从容把握创意分寸的设计总监；从斩获全国行业金奖的女魁星，到遵循高教规律的副教授，可谓一路执着勤奋一路开花结果。近年来，么冰儒"家传的"绘画基因与"专业的"设计素养"大碰撞"：从设计到艺术接连跨界——环艺至造型；摄影至拓印；三度空间图像至二维平面形廓；具象形体及原生态肌理至抽象形态及聚合式线性图形……这些呈递进、呈系统，既转义、又连续的"跨界节拍"，客观体现着她持续累积的"手绘快速表现研究"之成果，而这篇记录着实践果实和研究路径的集子，已是么冰儒的第三部著作了。

▨ 嵌入了"制图学逻辑"的手绘快速表现研究

本书的么冰儒作品及邀请作品，极少形态虚拟、场景模糊、边界含混以及尺度无从参照的似是而非之形象。因"表现"而需的透视变形中，几乎每块"被表现"的局部，都可从"透视"还原成"准三视图"，进而可度量、可参照、可推演、可深化；另外，虽因"表现"而作详略对照、夸张凸显，但几乎每块"被表现"的部位，都选用"单线"来明晰且准确地界定，而从不选择似是而非的"复笔"；每一转折、轮廓、搭接或并置部位，都加"肯定"——交代得清清楚楚，层次分明；都用"形廓"——分切得一清二白，绝不含糊。

么冰儒手绘作品的这些章法，客观上灵活依从着"制图学"的逻辑，因此，虽

为手绘，虽非具体，虽不深入，但其画面呈现的形体信息，基本上都已具备向"设计制图"转换的条件。

▨ 揉进了"剖切视向"的手绘快速表现研究

本书中的作品，画幅四周"多变的边缘"，无疑是重要而醒目的辨识点。或许在若干年前的"最初"，么冰儒开始这样的"边缘形象"仅是出于"求自然"和"去呆板"的审美愿望，而随着时间的推移和图面逻辑的透彻化交代，这"求自然"和"去呆板"的边缘，就不再仅依从"主观"的审美，而逐渐梳理为对"靠近边缘"的诸形态作"剖切面"的表达与组合。这样，致使画幅的边缘，既能醒目地辨识，又凸显制图学的依据——透视形体剖切后的"端口"。这个已形成显著特征的处理手法，确属么冰儒在一步一个脚印的踏实探索中，收获的"飞跃"和"质变"。

▨ 展开了"材质比照"的手绘快速表现研究

本书中的作品，利用马克笔或其他媒材工具，有效拿捏具象质地与抽象质感间的宽容范围，灵活地在材质的"正反射"和"变形反射间"游走与呼应，相辅相成地唤醒并强化诸材料间的属性和差异，这些，可谓"么冰儒手绘图式"的又一显著特征。

"材质正反射"的描绘"套路"和程序化，不少绘者虽能掌握，但都局限于某

一类面材；而么冰儒则是将两种以上的正反射描绘方法，在相邻的几个面之间交替使用，相互映衬。也就是说，强化两种以上正反射在界面上的交相辉映效果，而消解单一正反射在特定材质上的所谓"逼真"观感。

另外，与前者混合使用的"变形反射"描绘方法，则更加放飞着么冰儒的造型理想：她不再"按理出牌"——不再依从材料表面而决定笔触走向，不再依从材料比例来选择笔触面宽……相反，她"艺术地"夸张着材料变形反射的强度，有效地凸显着质地反射环境的烈度……这类对材质的主动激活与生动表达，是解读么冰儒手绘快速表现方式的又一重要侧面。

▨ 凸显了"焦点内核"的手绘快速表现研究

本书中的作品，不难看到明快而锐利的直线，确切而坚决的转角，透明而纯净的色块，以及灵动且精准的透视。这一切貌似分布均衡，着力相近，但实际上则是鱼贯有序地围合着它们共同的内核——形态焦点。

么冰儒手绘图式中的形态焦点，有时是一组超密集的"排线"：或致密——密不透风，或突变——异常的线性与方向；有时是多块特异的"色斑"：或响亮——面积小但明度大起大落，或饱和——形状特殊、彩度特别……更多的时候则是借助透视线群的"灭点"来达成——坚决的线型，有力的集聚；越近灭点越清晰的形体，越交错聚集越激变的线性……么冰儒手绘图式中形成内核的"焦点"，总的来说是借助于造型的强度和纵深的方式，而不是通过"特殊物件"的置放或"特异片断"的生造来达成。

▨ 呈现了"艺术品质"的手绘快速表现研究

本书中的作品，能解读的内容往往不止于"方案雏形"，不止于"表达技术"。著名艺术家徐芒耀先生曾评价么冰儒的手绘快速表现作品"超越了通常所认识的仅仅服务于设计意图的效果图层面，而达到具有独立审美意义的绘画美学高度……"么冰儒在其精准明快的表达逻辑中，越来越自信地注入艺术描绘的

"非逻辑"；在坚决理性的边界和线性中，越来越活跃地注入感性的因子和多义的元素，例如，借助于前述的"剖切视向"，么冰儒尝试着与众多艺术家不一样的完型方式；借助于前述的"制图学逻辑"，么冰儒试探着搭建与众多艺术家大相径庭的造型路径……另外，因长期与建筑、空间、场域等打交道，也客观上形成了么冰儒的艺术取向：既俊朗、硬边、冷调、简约，又光泽、锐利、纯粹、平直；既浸润于手绘手造，以享受心手合一的流畅体验，又置身于工具工法，以品尝跨界实验的探索快感。

么冰儒的手绘快速表现，客观上一直都在"高举高打"，即使是初期的稚嫩阶段也很"艺术"，出手不凡。

么冰儒的艺术创作实践，客观上一直都得益于有关"空间"的磨炼，即使是现今的收获期，她也仍很"设计"：习惯性地关注多要素的平衡与整合，下意识地在功效和精神间跨界及游走。

么冰儒的"手绘"，自然涉及图像获取、图面处理、图形转义、图式生成等更多元更复合的课题；么冰儒的"表现"，虽仍借助于空间、建筑、场域等介质，但更多的是关于场景、情绪、心理、视知觉，以及时尚、趋势、符号、价值类型等。当然，还有对自身体验的探究与实验。么冰儒"手绘快速表现"的实践和研究过程，客观印证着设计与艺术的界限已不再清晰，更多的跨界和交融只会更加自然，更需顺势而为。无论是工具、介质、技能、图式的跨界，还是方法、路径、观念、价值的交融，都将有助于这类研究的深入，也将有助于这类课题的延展。

赵健

中国高等教育学会设计专业委员会副主任
中国室内装饰协会副会长
2018 年 9 月 16 日

目录

序言 5

绪论 10

01 室内空间概念设计草图 11

1.1 草图中线条的解析 12

1.2 设计师笔记——草图的记录功能 15

1.3 平面功能布局的草图表达 17

1.4 立面的设计与创作 18

1.5 平面功能的详细布置与空间概念草图 19

1.6 细部造型的剖面大样表达 22

02 关于室内单体的描绘 25

2.1 "盒子"的透视 25

2.2 单体的着色练习 28

2.3 室内空间的基本单体形态——家具、配景的表现 30

2.4 室内空间的基本单体形态——灯具的描绘 35

03 形体透视和手绘创作一维、二维、三维空间转换训练 37

3.1 形体透视——手绘透视剖析 38

3.2 手绘创作一维、二维、三维空间转换训练 40

04 室内空间精细线描与淡彩描绘 41

4.1 精细线描 42

4.2 淡彩描绘 43

05 各种局部图形的组合与构成表现 57

5.1 从展示设计案例看组合与构成 61

5.2 重归细部表现 73

06 小型室内空间的表现 75

6.1 小型办公空间的描绘 75

6.2 小型家居空间的描绘 78

6.3 小型酒店餐饮空间的描绘 80

6.4 小型酒店客房空间的描绘 82

07 中型室内空间的表现 83

7.1 中型休闲娱乐空间的描绘 83

7.2 中型餐饮空间的描绘 85

7.3 中型商业空间的描绘 86

7.4 中型办公空间的描绘 89

08 大型室内空间的表现 91

8.1 大型商业空间的描绘 91

8.2 大型酒店空间的描绘 94

8.3 大型展览公共空间的描绘 99

8.4 大型办公空间的描绘 102

09 建筑外观及门面的表现 103

9.1 徒手线描和淡彩描绘 104

9.2 精细线描和淡彩描绘 113

10 园林景观的表现 133

10.1 园林景观局部造型的描绘 135

10.2 园林景观徒手表现到精细线描 137

10.3 园林景观的淡彩描绘 141

11 手绘表现的风格 151

11.1 手绘电脑表现 152

11.2 手绘表现风格赏析 157

11.3 手绘数码版画 180

12 **设计教学创作的探讨与研究** *189*

■ **心理篇** *189*

幸福教育理念如何在环境艺术设计教学中落实 *189*

■ **基础篇** *191*

如何正确地认识设计教学的基础 *191*

■ **应用篇** *193*

案例教学在设计教学中的应用 *193*

■ **思考篇** *196*

关于设计教学的思考 *196*

■ **创新篇** *199*

手绘数码版画的创作与价值研究 *199*

参考文献 *201*

后记 *202*

绪论　书的价值在于记录，希望这一记录能给予需要它的人一点帮助。

手绘表现图是有一定目的和功能性要求的图纸，每一个设计几乎都是从手绘构想草图开始的。手绘的过程是设计师同自己对话的过程，无论是形态各异的庞大建筑体还是风格迥异的室内空间，都源自于设计师最初在纸上记录构想的一根根线条。

手绘表现是一门集绘画艺术与工程技术为一体的综合性学科，具有资料收集功能、分析功能、构思推敲记录功能、设计意图表现功能和对外传达功能，属于设计范畴的表达。

资料收集功能——设计师需要有目的地通过直观的手绘图形语言，及时地把设计创作所需的大量图形资料记录整理下来，设计师的很多设计灵感都可能直接得益于其感兴趣的设计素材与信息的收集。

分析功能——分析图的种类复杂多样，包括平面功能分析、区位分析、现状分析、交通分析、日照分析、绿化分析等，针对不同类型的分析图，设计师可以用简单易懂的手绘阐述自己的设计分析过程，进一步影响建筑、空间的形式逻辑和设计推理的进行和发展，这是设计者对其设计的理想化与可行性的构想过程。

构思推敲记录——手绘表现是设计师记录瞬间灵感、创意雏形的最直接、最便捷的方式。设计师在设计演绎的过程中常用图像将抽象思维转化为具象图形，通过手绘不断推演来表达设计构想，通过这样一个方式清晰地记录自己的思维过程，从而最终得到最佳的解决方案。

设计意图表现功能——手绘是设计师自我设计理念、设计意图和最终方案表现的重要表达手段，能直观有效地表达设计师的设计理念与具可行性的设计构想。设计师通过熟练掌握手绘表现的基本原理和表现方法，严格把握对象结构的逻辑性、空间形体的严密性和尺度比例的准确性，从而在短时间内把设计意图完全地展现出来，完成方案的设计。

对外传达功能——手绘既是设计的组成部分，也是一种最直接的工程技术"视觉语言"，是专业人员与非专业人员共同商定设计目标与设计计划的媒介。设计师通过手绘的方式可及时有效地向投资方或施工者传达自己的艺术构思、设计意图、设计理念。

设计师所关心的是如何解决至关重要的设计问题，相对于纯绘画的随意与无羁而言，手绘更注重程式化的表现技法，更多地强调共性而非个性表现，步骤也十分理性化和公式化。手绘的基本要素包括设计的立意构思、透视造型、明暗色彩、构图布局；手绘表达的过程是"手与脑的联动"，具有准确性、直观性、臆测性、前瞻性、即时性、记录性、说明性和艺术性，在设计表达上有独特的作用和价值，因此设计手绘表现在注重表达艺术性、趣味性的同时更加注重体现实用性。

手绘表现与电脑辅助设计相辅相成，手绘表现是创造性设计灵感的概念表达；电脑辅助设计是深化构思的后期处理，是深化设计和完善构思灵感的保障体系。手绘设计是电脑设计的前提和基础，是设计的雏形，应使两者的优势互补，因此，在未来手绘表现作为一种专业图形语言工具是建筑师、室内设计师和园林设计师必须掌握的设计表达手段和技巧，这种手段将设计师的想法转换为最终可见的形式，是实现设计目标的重要工具。

手绘室内空间的概念设计草图是设计的灵魂，好的设计必定会有一个优秀的设计概念。设计概念离不开推敲与分析，手绘就是一种非常直观的分析方法。

在手绘表现中，"手绘"是手段，"表现"是目的。在设计实务（活动）中，"表现"往往并非一次，而是多次且以多种面貌呈现着。手绘表现既可以作为同行业人员交流的工具，也可以向客户快速地表现效果。

方案设计本身是一个科学而严谨的体系，在初期的方案构思阶段，手绘概念表现设计草图尤为重要。它贯穿于整个设计过程，它的立意是就设计问题而展开的，它不像一般的效果表达，有时是用于结构分析，有时是在图解一个原理，有时是种注释。正是手绘分析这样的一个过程，常常能够为一份设计提供有力的依据，可以用来完善设计概念、设计思维，并且可以有效、快捷地解决设计中出现的问题。

"草图概念表现"是关于"设计起点发生与确立"的环节，对应的是主创者"个人"，属"思考的轨迹图"。此阶段的手绘表现，显然属设计的"精、气、神"范畴，其反映为视觉形象，往往是概括的形体、连贯的脉络、"生猛的动机"以及"锐利的趋势"等。为此，尽管是草图概念表现，但其直接付诸画面的痕迹却成为"心智的轨迹"，犹如有机体那样生机勃勃。

作者：杨斌平

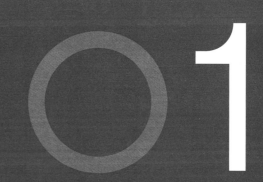

室内空间概念设计草图

1.1　草图中线条的解析

1.2　设计师笔记——草图的记录功能

1.3　平面功能布局的草图表达

1.4　立面的设计与创作

1.5　平面功能的详细布置与空间概念草图

1.6　细部造型的剖面大样表达

1.1　草图中线条的解析

■ 线条是概念设计草图中最基本的要素，而设计草图强调图面的感染力和个性，不同的线条使用技巧正是图面表达感染力的重要手段。

■ 线条的练习包括横线、竖线长短线练习，线条疏密练习，线条速度练习等。

■ 线条练习的时候要注意下笔和收笔。线条根据物体结构来画。练习的时候要学会控制线条的轻重、速度和线条疏密，落笔要平稳、自然，产生轻松生动的线条感觉。

■ 可通过对线条进行创作练习，提高趣味性。

作者：张莉莉

作者：肖绍森

■ 线条的疏密、倾斜方向的变化、不同线条的排列结合、运笔的急缓都会产生出不同的画面效果。

■ 曲线可以用快线和慢线画，快线流畅，但不容易画准；慢线画起来则比较精准。

作者：何洁薇

作者：王诗欣

作者：陈君桦

1.2　设计师笔记——草图的记录功能

■ 在设计过程中，运用草图进行记录、分析与推敲，是一名设计师必须具备的基础能力。

作者：李小霖

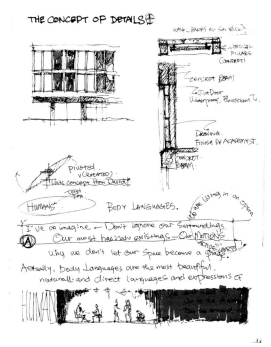

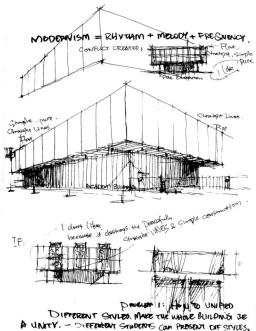

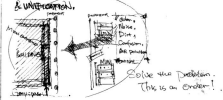

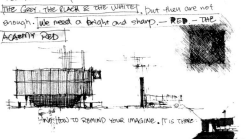

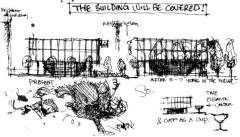

■ 在进行空间表达时，可以先画概念手
绘草图，让大的空间意识形态基本呈
现，再进行深层次的推敲、深化。

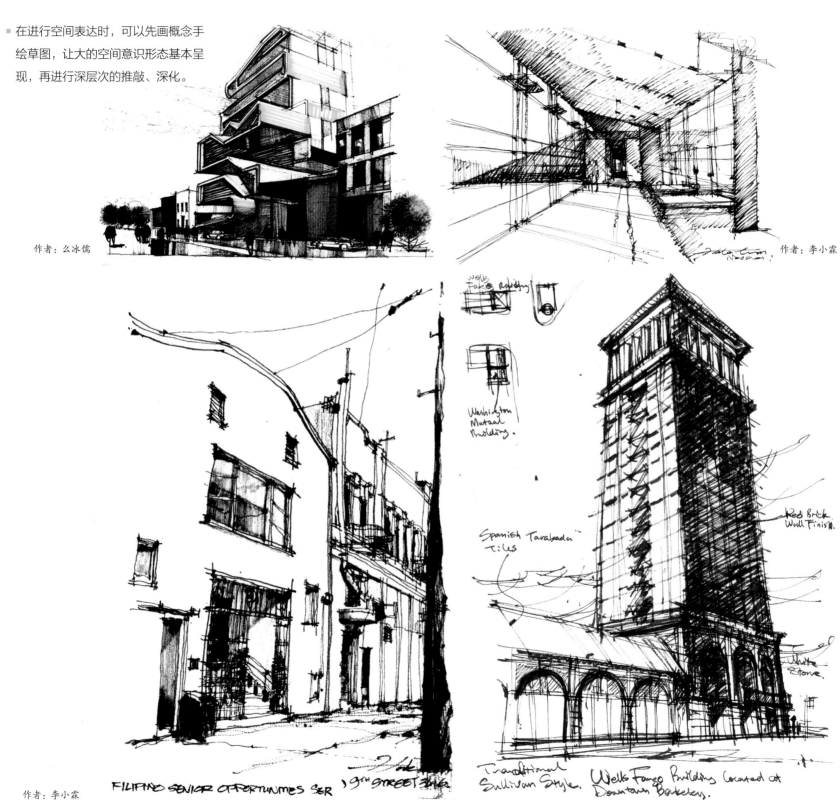

作者：么冰儒

作者：李小霖

作者：李小霖

1.3　平面功能布局的草图表达

▪ 方案初期，我们可以通过设计草图作出合理的功能布局，即在土建平面图上
使用徒手表达的方式清晰划分功能分区布局。

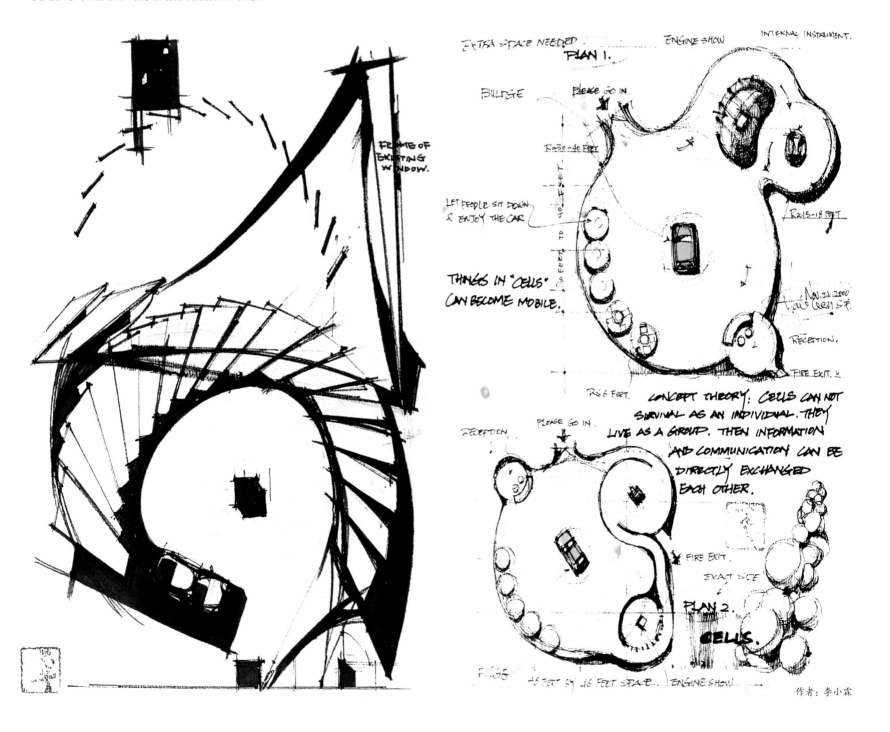

作者：李小霖

1.4 立面的设计与创作

■ 确定了基本平面布置后，设计的徒手描绘随即进入第二个阶段——立面的设计与创作。

■ 在平面功能布局已完成的基础上，我们即开始通过徒手绘的方式进一步细化此空间的立面，使之能更清晰地强调并表达室内空间的立体造型效果。对于总的视图无法表达的局部，还可通过局部剖视的描绘来加以补充。

■ 设计师通过这样一个记录清晰地传达了自己的思维。我们应当看到，注重这种思维过程与思维表达的一致性，不仅对被教育者有益，对已走向工作岗位的相关人士均有裨益。

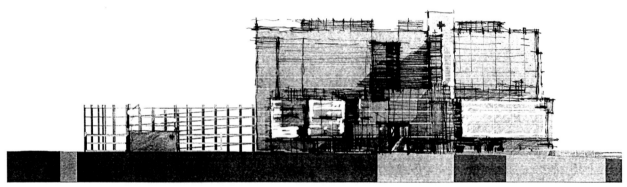

West Elevation

North Elevation

作者：李小霖

South Elevation

1.5　平面功能的详细布置与空间概念草图

▪ 概念设计（包括完成阶段）其工作量最多也只占总
设计量的 50%，但它是整个设计的基础和灵魂，
其作用如路与车的关系，没有路的存在，车就谈不
上是车，更没有方向与速度的概念了。

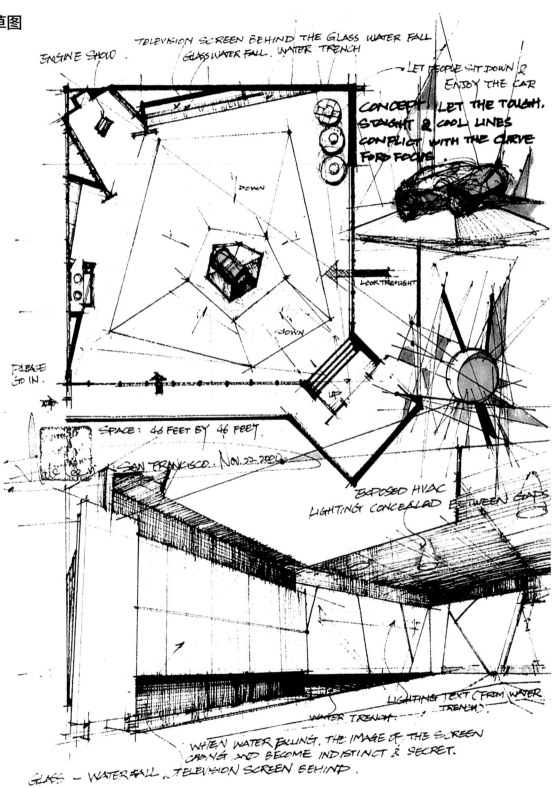

作者：李小霖

■ 平面功能的布置，设计师需要根据空间的建筑结构及
  交通流线，做到在满足功能的前提下，加入风格形式
  的美化，实现功能与形式的完美结合。

■ 平面布局是室内设计的灵魂，有了好的平面布局，好
  的设计才有根基。

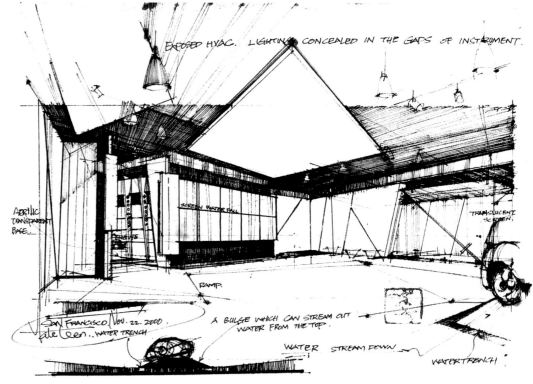

作者：李小霖

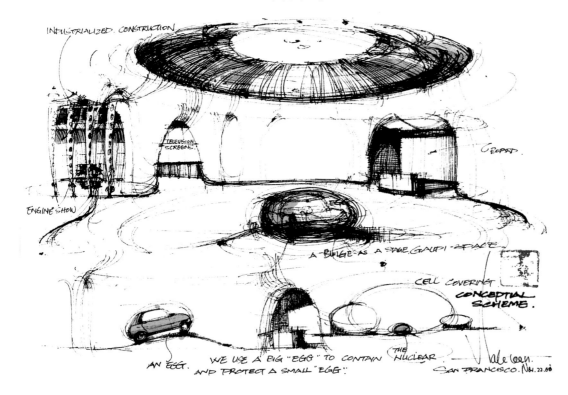

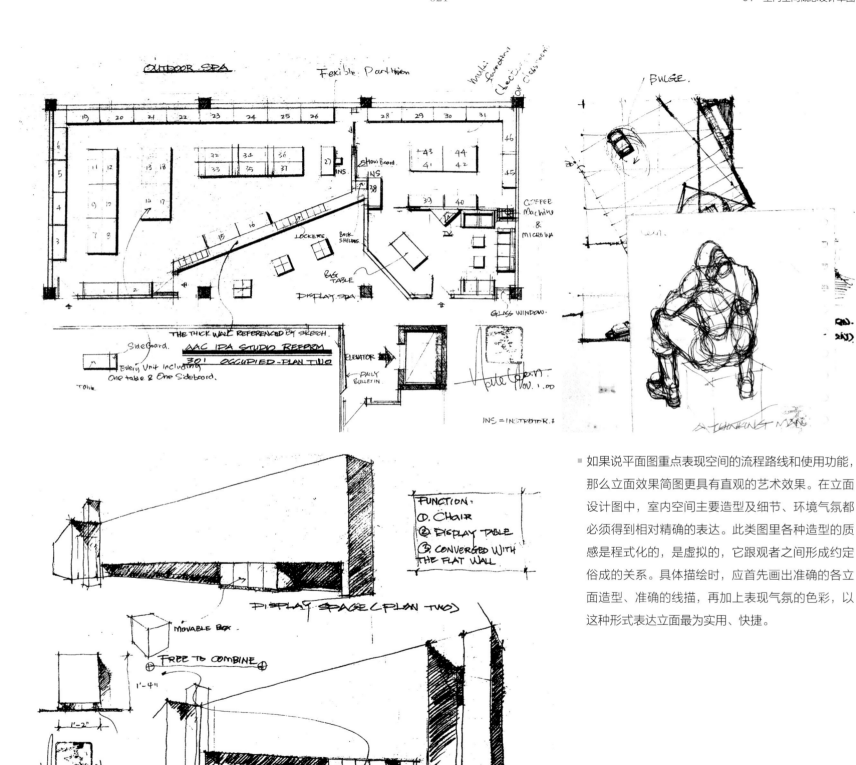

如果说平面图重点表现空间的流程路线和使用功能，那么立面效果简图更具有直观的艺术效果。在立面设计图中，室内空间主要造型及细节、环境气氛都必须得到相对精确的表达。此类图里各种造型的质感是程式化的，是虚拟的，它跟观者之间形成约定俗成的关系。具体描绘时，应首先画出准确的各立面造型、准确的线描，再加上表现气氛的色彩，以这种形式表达立面最为实用、快捷。

作者：李小霖

1.6　细部造型的剖面大样表达

- 在一个完整的设计过程中，设计师要做的事情不仅仅是画一张透视图，对其建筑空间内部的细节装饰亦需要加以注释，这样才能为施工图的完善绘制奠定坚实的基础。
- 在徒手表达的铅笔草图基础上对线条加以整理后，图面呈现出更加准确的具体形象，从而使空间平面布局、立面造型、剖面详图及材料标注都显得更加完善。

作者：李小霖

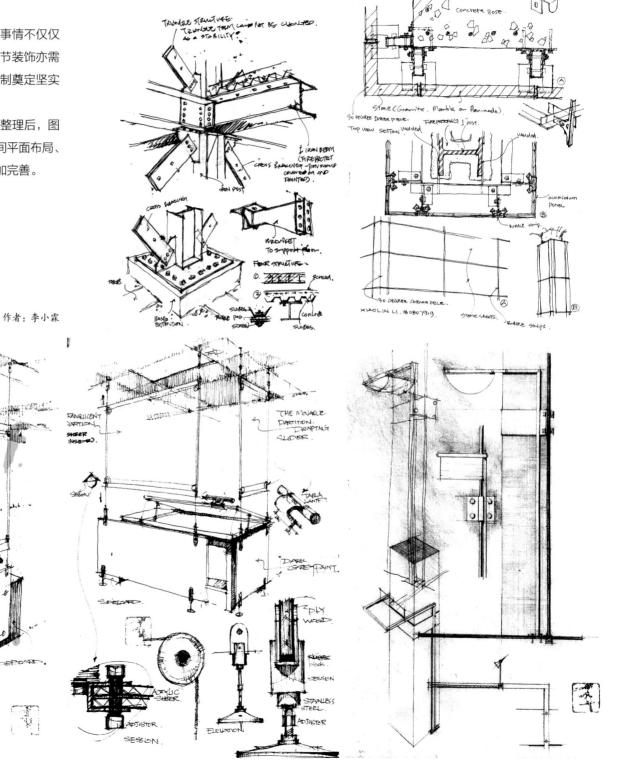

▪ 从前面的一系列图中我们可以看出：设计师的这种快速
表达方式通常是具有记录性和分析性的，设计者不但记
录了头脑中瞬间萌发的设计构想，同时利用这些呈现在
纸面上的视觉线索进行分析与思考，最终得到了功能布
局合理、交通流线顺畅、形式丰富且厚重、朴实、严谨
的室内空间。

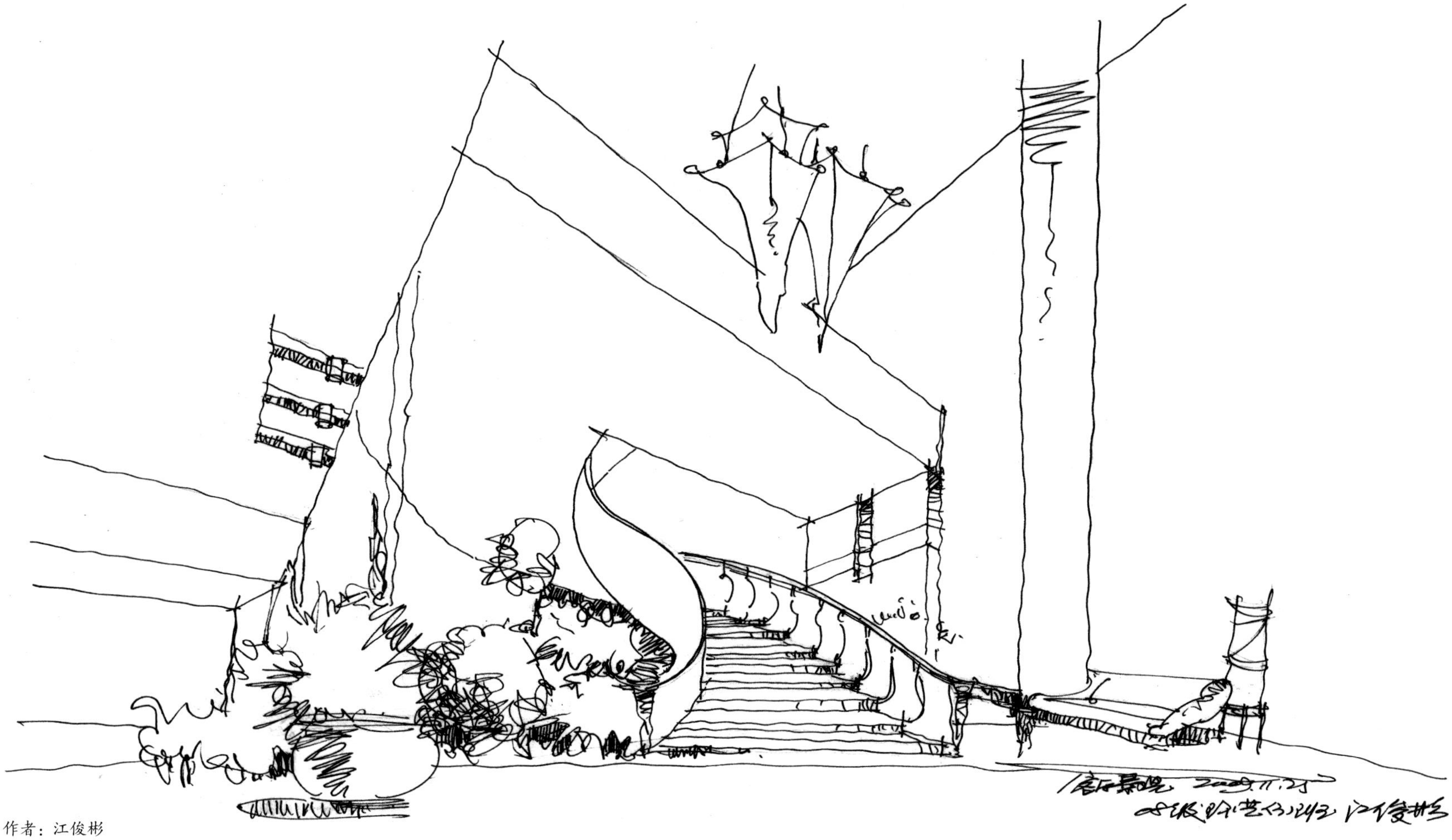

作者：江俊彬

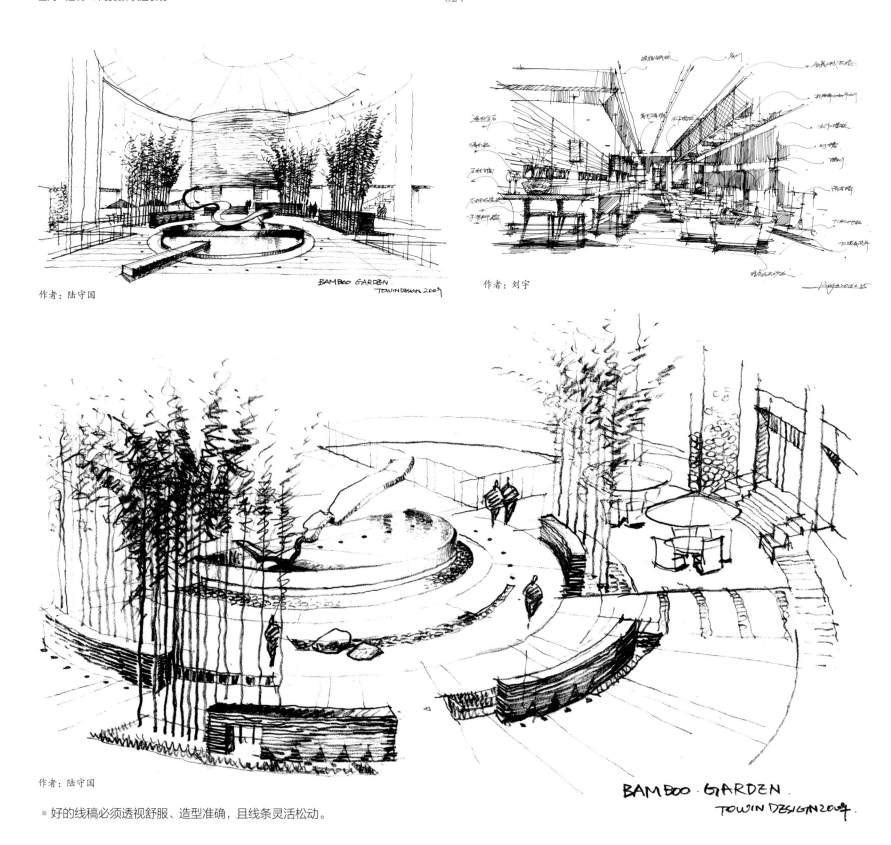

作者：陆守国

BAMBOO GARDEN
TOWIN DESIGN 2009

作者：刘宇

作者：陆守国

BAMBOO · GARDEN
TOWIN DESIGN 2009

■ 好的线稿必须透视舒服、造型准确，且线条灵活松动。

单体造型的描绘，是室内快速表现的一个重要组成部分，其作为快速表达训练的前期课程，有助于我们由浅入深、从简单到复杂、有序地进行学习。对初学者而言，其做法至关重要。通过学习"盒子"立方体与室内透视学原理，再进行局部造型练习，可利于更好地把握造型、透视、着色等综合表现手法和技巧，为更好地掌握整体设计的快速表达能力做好铺垫。

2.1 "盒子"的透视

- 对二维线型的绘制有了一定的了解、把握之后，就要进入立体造型与基础空间形态的学习领域。透视原理的学习有助于理解造型与空间构成的关系，训练对立体形态进行构思的能力，建立立体形象思维框架。
- "盒子"就是指常见的立方体。很多物体都是由简单的几何体组成的，对简单的立方体的理解和练习对于后期的复杂物体的理解和表现，会有很大的帮助。
- 关于立方体的训练，包括：
  - 立方体透视画法；
  - 单体透视练习的时候要把握好透视消失点的位置；
  - 立方体光影画法。

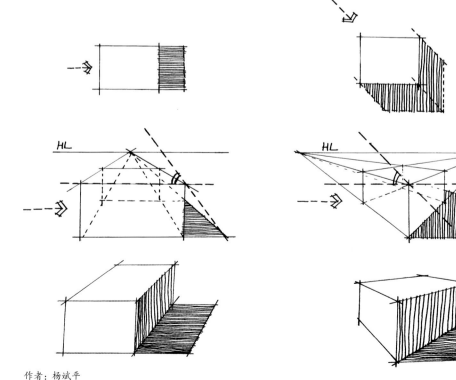

作者：杨斌平

关于室内单体的描绘

2.1 "盒子"的透视

2.2 单体的着色练习

2.3 室内空间的基本单体形态

　　——家具、配景的表现

2.4 室内空间的基本单体形态

　　——灯具的描绘

■ 单体的分解和角
度表现训练，见
本页图示。

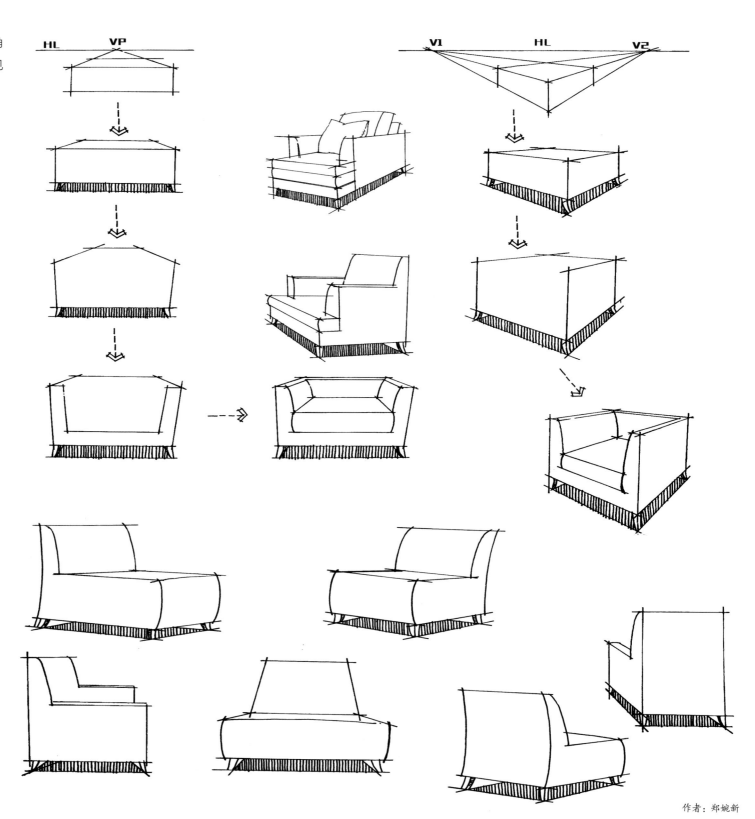

■ 塑造光影关系，画出明暗关系与投影的角度关系，见本页图示。

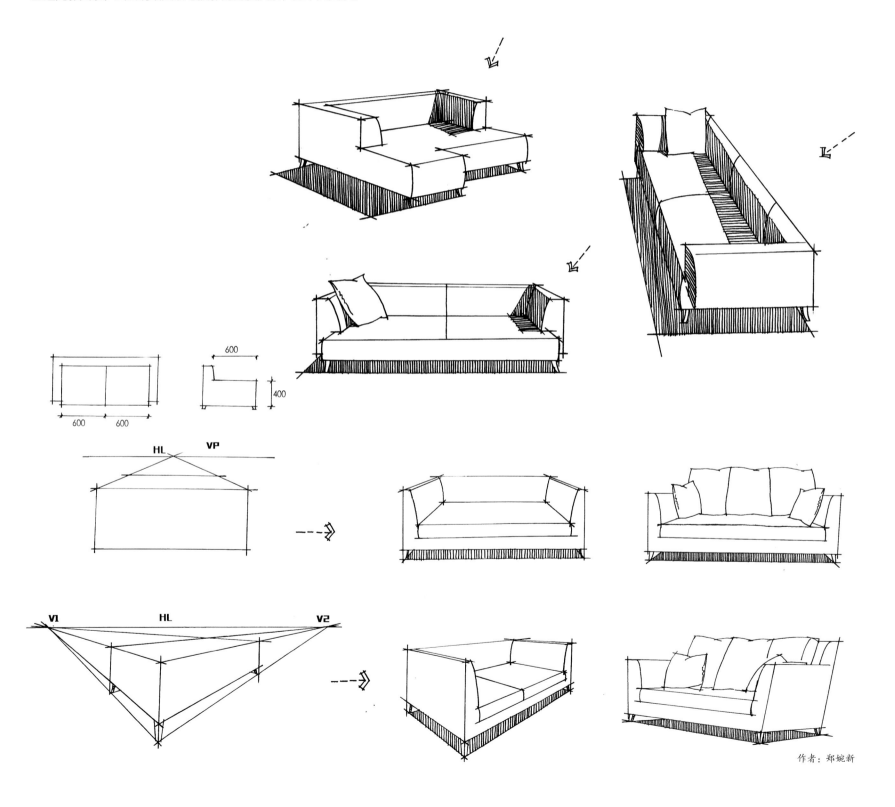

作者：郑婉新

2.2　单体的着色练习

■ 马克笔单体上色的时候，首先要做排笔练习和区分黑白关系。马克笔的运笔速度要快，落笔要稳且有力。

■ 在表现不同材质的时候，除了要强调反映其色彩关系、造型变化，更重要的是表现材质本身的反光程度的不同，如最常见的材料——透明玻璃、大理石、反光不锈钢、亚光不锈钢、木材等。

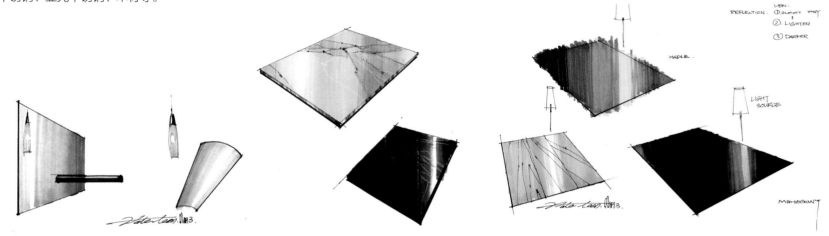

作者：李小霖

作者：么冰儒

■ 纺织材料与其他材料的不同之处在于其柔软性。在用马克笔对布艺等纺织品
　 进行着色的时候，要注意边缘线尽量处理得随性一些，可用活泼的笔触表现
　 纺织品的柔软质感。

作者：李小霖

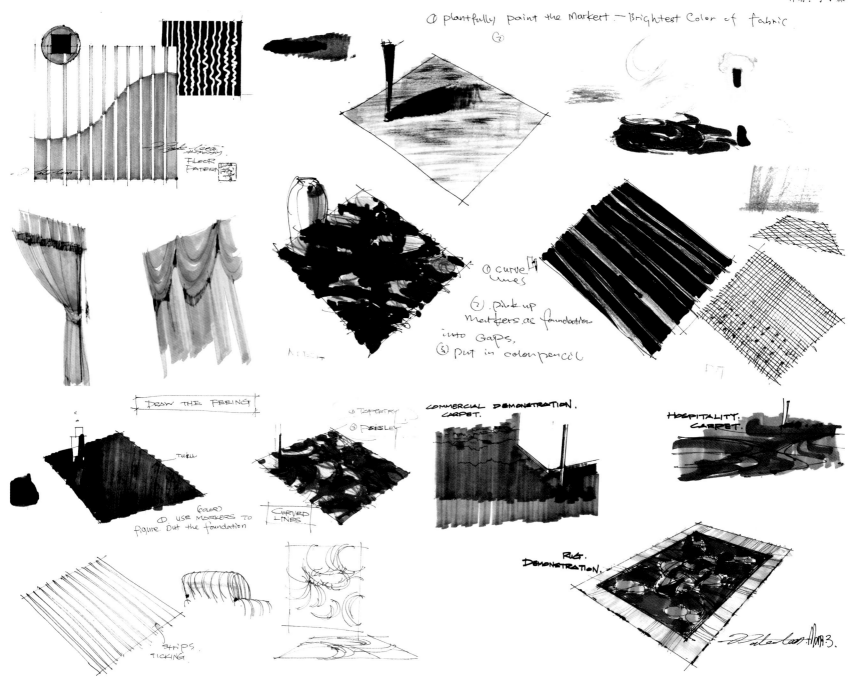

2.3 室内空间的基本单体形态——家具、配景的表现

■ 一些艺术院校的室内设计教学，常将单体家具的表现作为快速表达训练的前期课程，其做法至关重要。任何一个整体空间设计都是由若干个部分组成，都是由浅入深、由简至繁、由易到难的一个循序渐进的过程。选择一个较完整的家具单体进行练习，有助于初学者训练造型、透视、着色等综合表现手法和技巧，为准确掌握整体设计的快速表达能力做铺垫。单体的调子关系可以通过明、暗、灰三个调性关系或通过明、暗两个调性关系来处理。

■ 尽管所选用的表现工具不外乎是铅笔、钢笔、彩铅、马克笔等，但伴随着风格和材质的不同，工具使用的方法和用笔的规律也就有所区别。

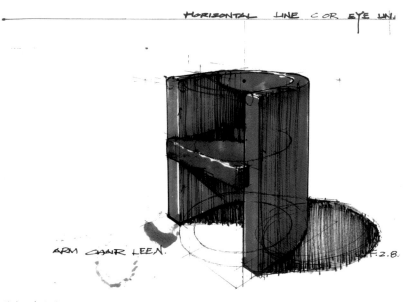

作者：李小霖

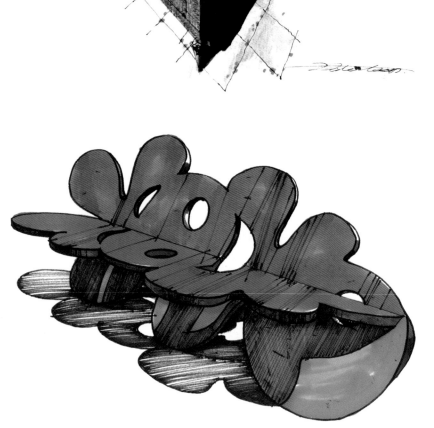

作者：么冰儒

■ 在做家具单体练习的同时，应强调搜集、分析和研究大量的相关资料，不仅要对家具形态表达进行练习，在此过程中也要注重形态、使用功能、风格等相关知识的积累。

■ 为了强调手法的训练，笔者曾要求学生面对实物照片作线描与涂色练习，这样，省去对形体的设计，更能集中精力于描绘技法的体验。

■ 色彩有意地"渗出"线框，是设色的技巧，故而产生一种自然的透明、柔软、轻快的效果。

■ 设色是"断断续续"的，色彩笔触方向与线描笔触方向是不一致的，这点是产生"柔软"视觉的最根本原因。

作者：周澄海

作者：么冰儒

作者：陆劲

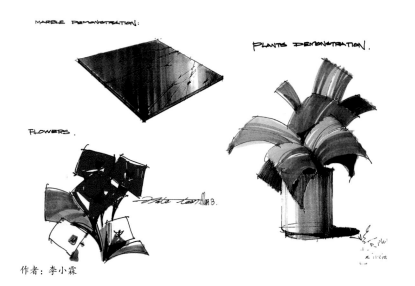

作者：李小霖

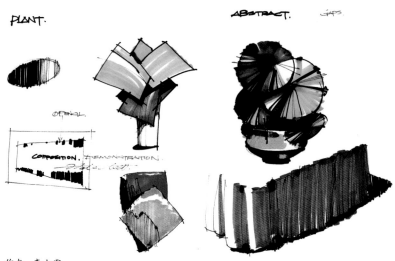

作者：李小霖

作者：陆劲

■ 各种单体配景是手绘效果图中重要的组成元素，它能给空间增添生气，使空间看起来充满灵动之感，在构图上可以起到衬托主体、协调画面平衡的积极作用。

作者：陆劲

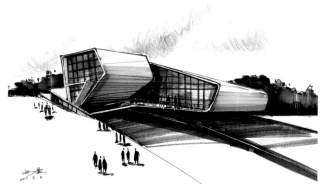

作者：海曼

作者：李小霖

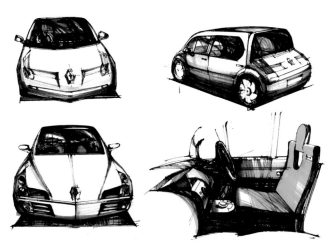

作者：么冰儒

作者：伦泉楷

作者：么冰儒

■ 马克笔的着色是固有色的表达，强调的是明度的对比关系，大体以灰色
　系为主，只要少量的鲜艳颜色点缀即可。

■ 单体练习的目的是把空间中的每个物体拆分出来，了解每个单体的细节，
　提取重点并刻画。

作者：黄尚游

作者：林一鸿

人物配景的作用不容忽视，它们的作
用如下：其一，为室内外空间增加一
定的气氛；其二，人物也可以说是空
间的一个参照物、一把尺，我们通过
人物的大小也就不难判断出空间的大
致高度和宽度了。

作者：王雯静

2.4　室内空间的基本单体形态——灯具的描绘

■ 灯具描绘是继家具单体描绘练习后的深化和继续。徒手画快速表达的重要作用之一是收集和整理资料，主要以线条为主，通过快速、及时的线描把所需资料记录下来。灯具练习这一环节，就是让大家通过画灯具来做有关灯具资料的大量收录和整理，这也是设计师成长的必经环节，既可提高动手能力，也能丰富大脑的储存。

■ 经草图描绘后整理的线条，会使画面显得干净、简洁，灯具的造型准确，色彩协调，这种踏踏实实的效果是我们走好第一步的关键。

■ 它们都具备一个共同的特点：下笔肯定、笔笔扎实，布色可谓画龙点睛，并只限于局部用色。由于保持了造型中较大面积的黑白效果，故显得轻松、有力、有现代感。

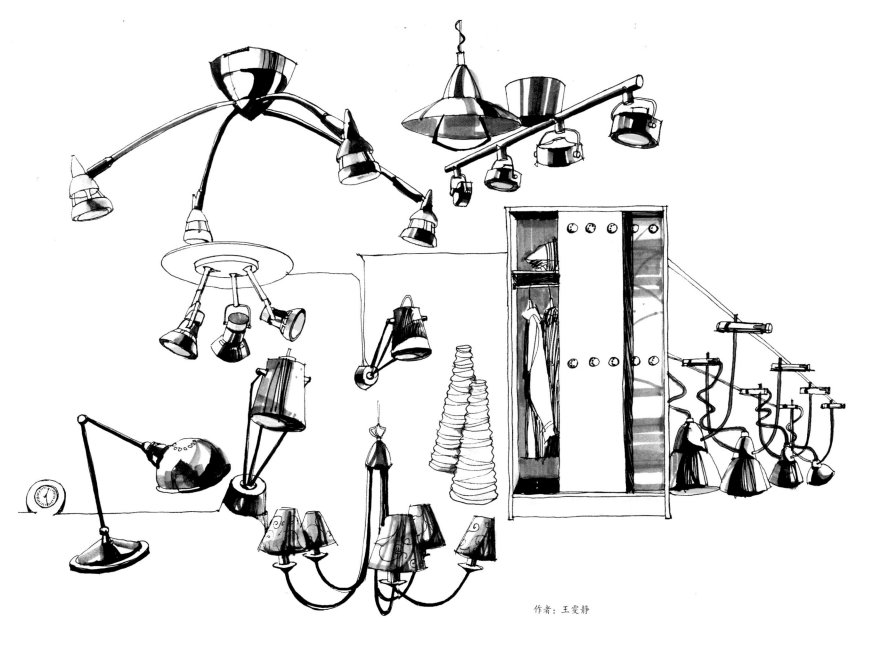

作者：王雯静

作者：么冰儒

形体透视和手绘创作一维、二维、三维空间转换练习，能够为设计师接下来绘制出更清晰准确的透视预想图奠定基础，同时可提高设计师的造型能力和强化空间转换思维，这是一个从量变到质变的重要过程。

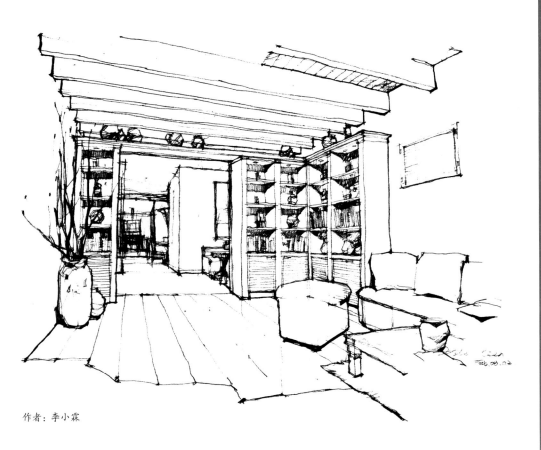

作者：李小霖

形体透视和手绘创作一维、二维、三维空间转换训练

3.1　形体透视——手绘透视剖析

3.2　手绘创作一维、二维、三维空间转换训练

3.1　形体透视——手绘透视剖析

- 在基本完成立面的基础上，再加入一点透视，整个空间的雏形就可由二维进入完整的三维状态，具体的空间感也就进一步明确了。
- 我们在实际中看到的景物，由于距离不同、方位不同，在视觉中会引起不同的反应，这种现象就是"透视现象"。
- 研究这种现象并在平面上来表现它的规律，这种科学叫"透视学"。

一点透视原理

- 一点透视就是说立方体放在一个水平面上，前方的面（正面）的四边分别与画纸四边平行时，上部朝纵深的平行直线（与眼睛的高度一致）消失成为一点。
- 根据一点透视原理做正方形练习，在练习中要注意每个正方体只有一个消失点。

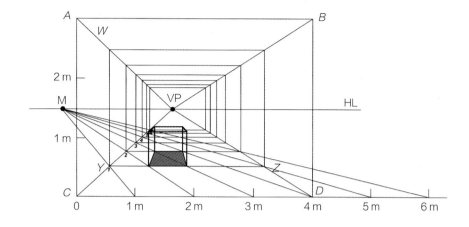

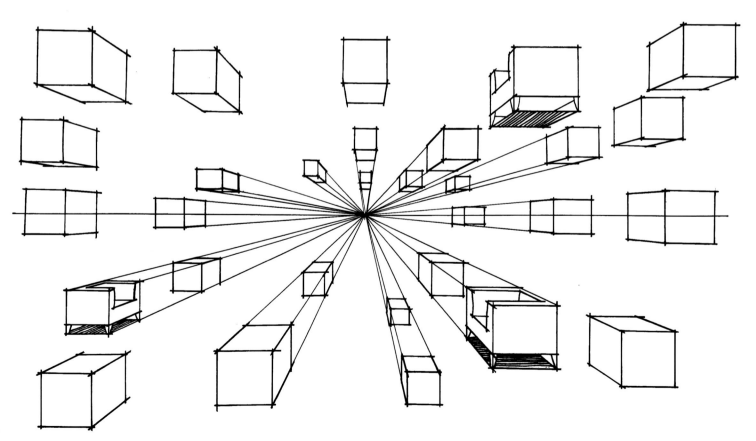

作者：杨斌平

两点透视原理

- 两点透视就是把立方体画到画面上，立方体的四个面相对于画面水平线倾斜成一定角度时，往纵深延伸的平行直线产生两个消失点。在这种情况下，与上下两个水平面相垂直的平行线也产生了长度的缩小，但是不带有消失点。

- 通过正方体练习寻找透视点，有助于提高徒手表现能力和透视把控能力。

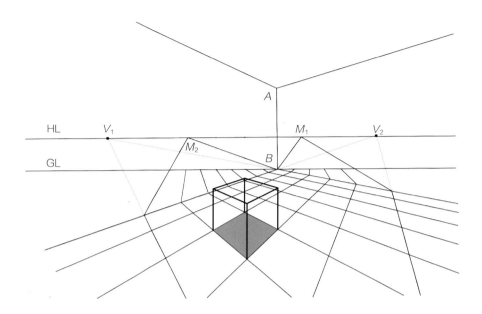

作者：杨斌平

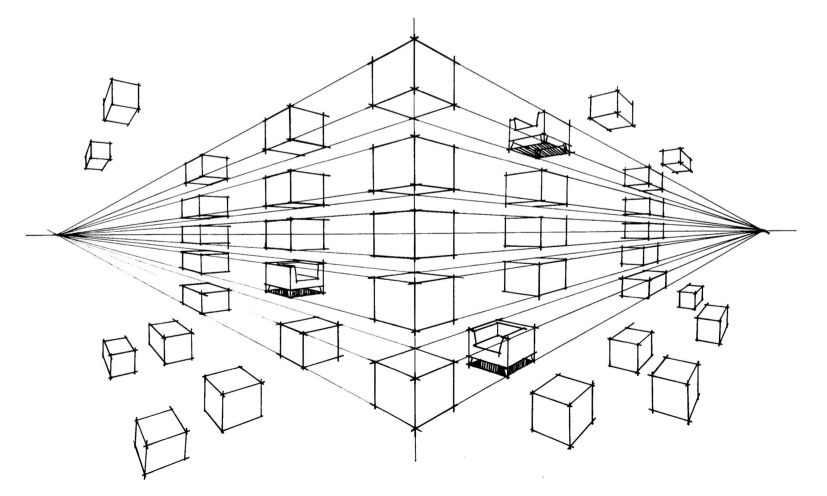

3.2 手绘创作一维、二维、三维空间转换训练

▪ 体块的延伸练习，即立面转入透视图的练习。

▪ 怎样用心去创作、表现和体会建筑及室内，在方案设计时，我们寻求的是不同阶段的体验。一般而言，在方案成熟阶段，电脑表现图的应用比较广泛。在国外（如美国），尤其是扩大初步设计当中，手绘效果图仍被普遍应用于这个电子时代，原因是建筑师们力图通过这种方式告诉客户和公众，设计是艺术，它通过心、手和眼，以达光、影和色，而不单纯是机械的操作和精确的电脑运算。

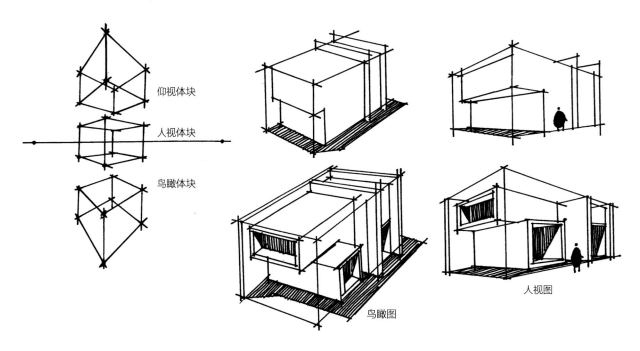

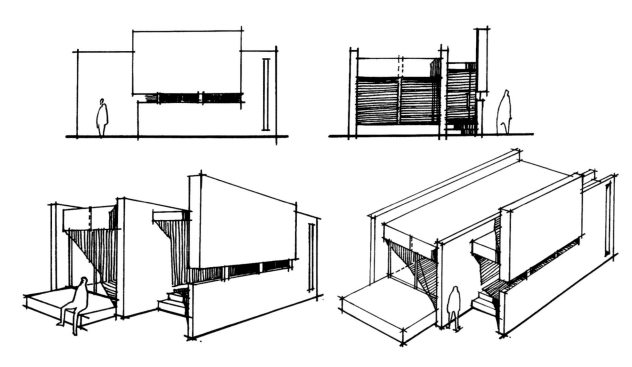

作者：杨斌平

精细线描是在徒手绘的基础上，深入地刻画画面的空间关系、调子关系、光影关系和块面关系等。对明暗调子和光影的刻画，能有效帮助我们掌握空间的调子关系，使我们在上色阶段能做到心中有数，对空间的主次进行准确的色彩处理。

作者：么冰儒

04

室内空间精细线描与淡彩描绘

4.1　精细线描

4.2　淡彩描绘

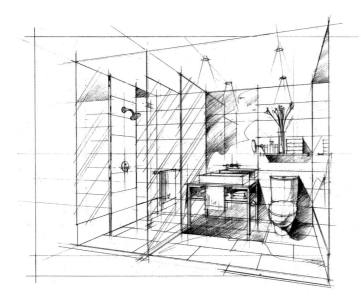

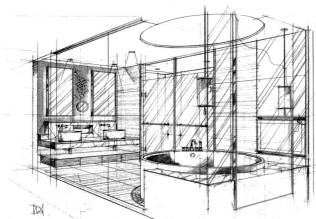

4.1　精细线描

■ 在经过平面图、立面图、顶棚和地面的合理设计分析后，可利用徒手绘的透视草图，通过直尺的帮助，借助于形体透视原理，精确地进行室内空间效果表现预想图的精细线描。

作者：伍华君

4.2　淡彩描绘

■ 色彩在手绘效果图表现技法中的地位相当重要，效果图中的空间环境的色调，物质的材料、色泽、质感等都要通过色彩来表现，才能塑造更真实的环境感受空间。马克笔色彩表现是室内手绘表现的重要工具之一，应该重点练习和掌握其技法。

■ 第一次上色重点在于进一步强调线稿阶段的调子关系，使原有的对比关系更加明确。

■ 对光影和投影，可以用深浅不一的马克笔进行过渡处理，从而使画面产生比较协调的效果。

作者：么冰儒

单色练习：

- 在进行单色练习的过程中，运笔应准确、快速，避免色彩渗出、浑浊。
- 灵活结合排线的方向、运笔疏密的变化，与适度留白构成层次感强烈的画面关系。

作者：袁铭兰

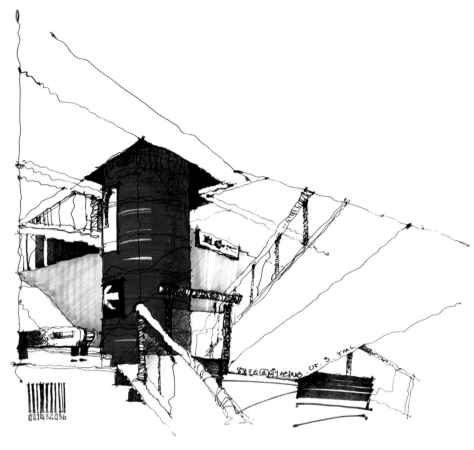

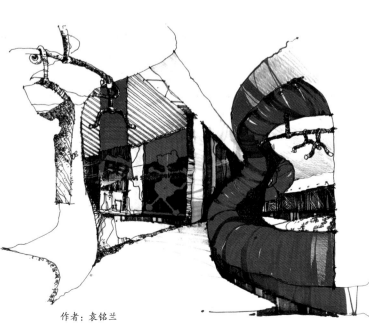

作者：袁铭兰

作者：袁铭兰

作者：袁铭兰

■ 已经有了比较明确的调子关系之后，第二次上
色即是对空间中物体的固有色进行处理。

■ 对比较端庄严肃的空间，我们可以多选用同类
色系或者邻近色进行色彩处理，而有些像展示
厅或商业广场等比较活跃的空间，则可以选择
一些较为鲜艳的色彩。

■ 在空间色彩比较丰富时，我们要特别注意用色
的比例。在没有把握的情况下尽量少用色，可
以控制为三个至四个纯色，也可以从中选择一
个色彩为主要色调，其他颜色作为对比色。

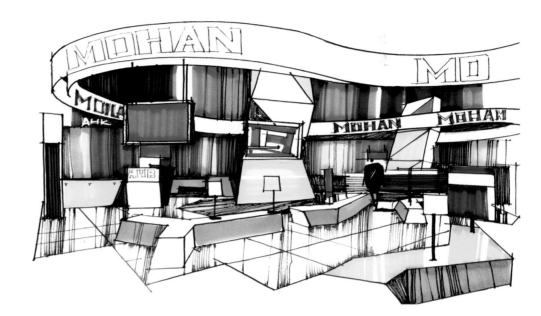

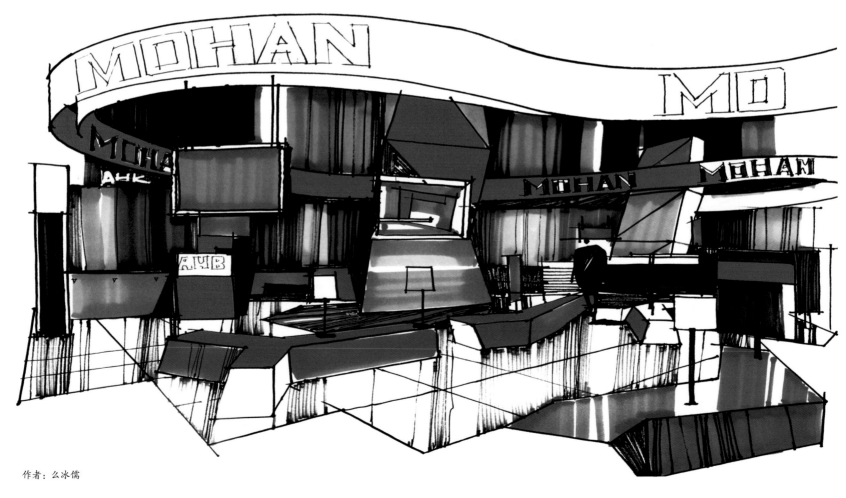

作者：么冰儒

■ 马克笔是设计快速表达最常用的工具之一，它的特点是速度快、效率高、携带方便，有利于大块色彩的上色，且饱和度也较高，能画出完整的直线、圆和弧线。目前它仍是唯一能大部分取代水彩、广告颜料的理想工具。

作者：么冰儒

- 马克笔依其性质的不同分为三类：
- 水性——没有浸透性，遇水即溶。水性马克笔较易掌握，同一画面可重叠使用，但切忌把过多的色彩重叠起来使用，否则画面效果会变得又脏又腻。
- 酒精性——具有挥发性且有一定的气味，其色泽鲜艳，浸透力适中。
- 油性——挥发性强，浸透性强，使用时动作需敏捷、准确。
- 运用马克笔上色时，需注意：该落笔的区域可以充满色彩，不该落笔的区域则应该惜色如金……总之，色彩不能到处施放，必须有所布局。
- 可通过不同的技法表现和不同的色彩表现，营造出不同的材质效果和空间效果。

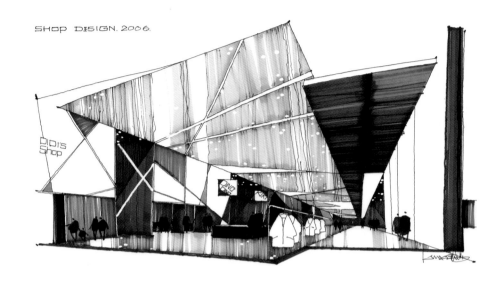

作者：么冰儒

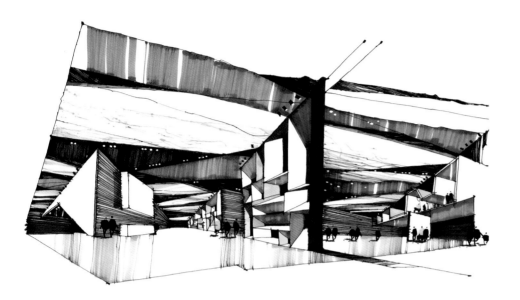

■ 对比的色彩关系可丰富画面：恰当的冷暖对比，能够将光影环境和空间气氛表达到位。通常我们可以运用各种色彩对比来营造效果，比如冷暖的对比、补色的对比等。

作者：么冰儒

■ 彩色铅笔也是我们的常用工具之一，比起马克笔，它具有更加细腻、丰富的表现力。马克笔偏男性化——鲜明、有力度、高效、严谨……而彩色铅笔则更具女性魅力——线条丰富、光影效果细腻、层次变化微妙。两者既可独立使用，也可结合使用、相互补充。

作者：陈涛

作者：梁天宇

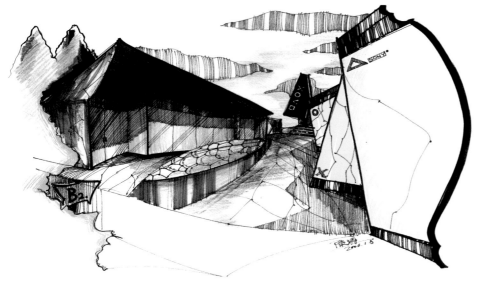

作者：陈涛

■ 马克笔能够较快地将色块涂满，较容易出效果，但彩色铅笔在关键的时候能够起到优化的作用。比如在马克笔过渡比较生硬时，我们可以在马克笔上色的基础上，利用彩色铅笔做一些过渡的处理。在光影变化或是材质反光的部位，同样可以用彩色铅笔进行上色，起到优化效果，有助于处理过渡色彩。

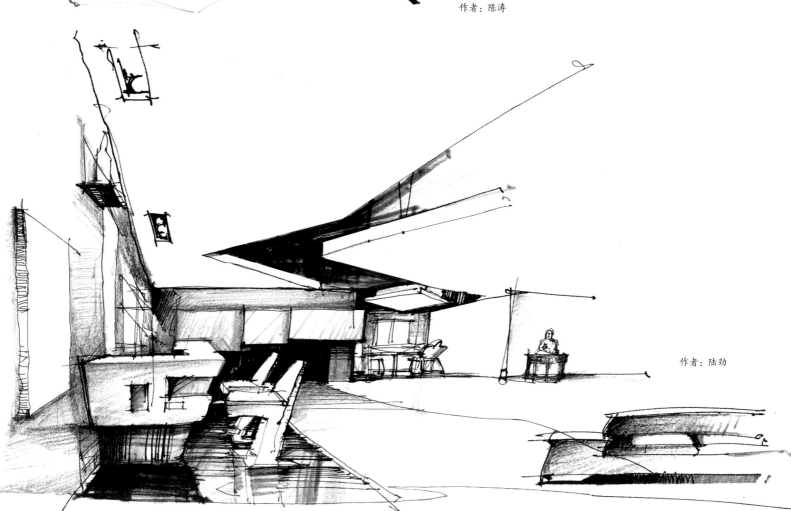

作者：陆劲

■ 手绘表现并不意味着百分百"徒手"。前述所列的各表现类别中，往往根据具体的需要，或与总规、平面、剖切等基础图面相配合，或与必要的绘图辅助工具相联系，或植入适当的字模、色彩、肌理、符号等辅助素材，或局部借助于图形软件及复印技术等，以丰富手绘的表现力。

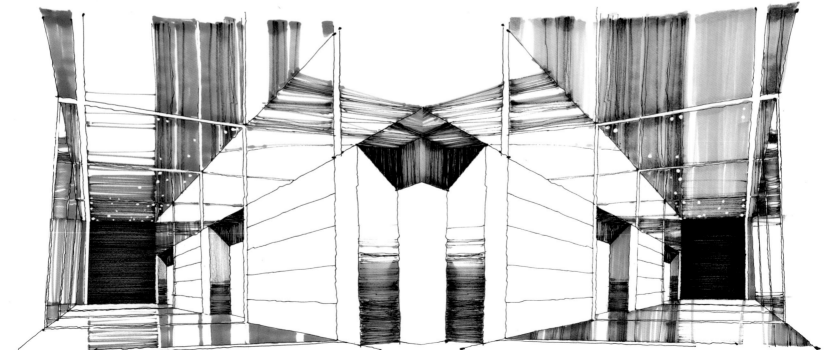

作者：么冰儒

作者：么冰儒

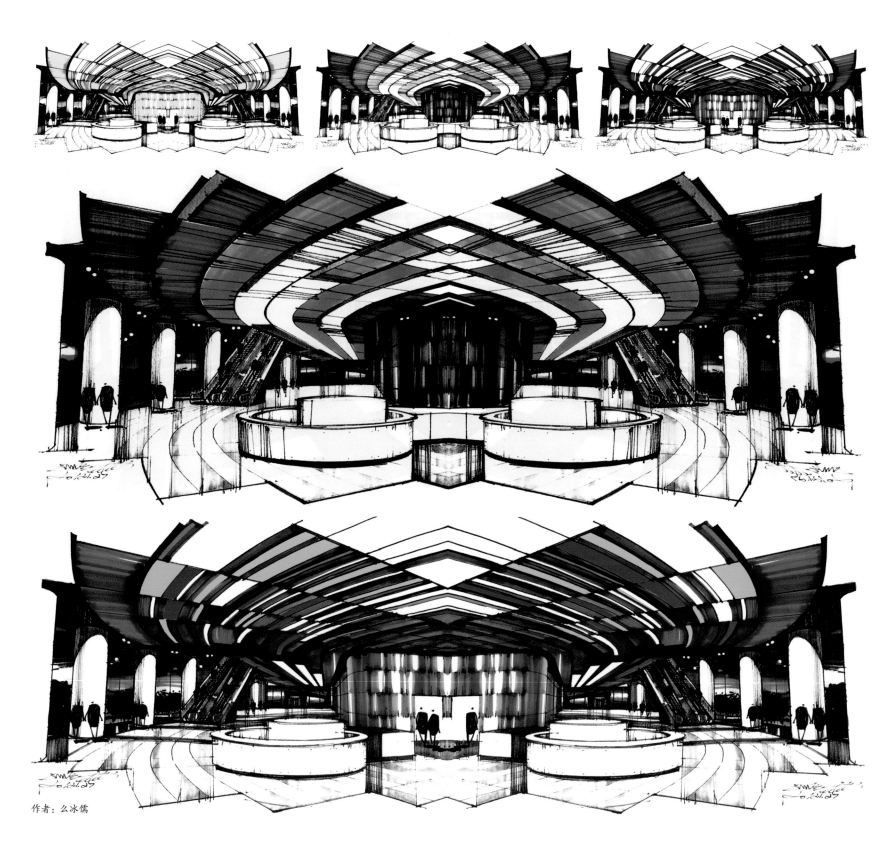

作者：么冰儒

局部组合与构成表现是继前面单体练习后的深化和继续。局部的组合表达存在较为复杂的体块关系，我们可以运用着色处理对空间的体块与层次关系进行强调，从光源、投影关系、背景处理、色彩关系处理几个方面来着重处理局部组合的画面层次关系。

一幅完美的艺术作品的表达，除了要掌握一定的方法外，还要求设计师手勤眼快，对事物进行细致的研究、分析、比较，配合大量的练习。组合与构图表现在室内设计画面表现中会起到非常重要的作用。

作者：么冰儒

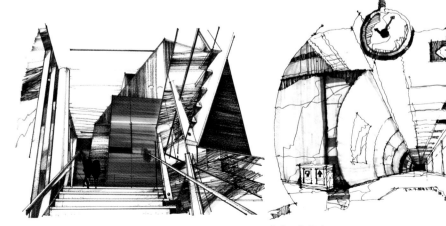

作者：么冰儒　　　　　作者：袁铭兰

各种局部图形的组合与构成表现

5.1　从展示设计案例看组合与构成

5.2　重归细部表现

■ 主观的构图处理，不仅省力，而且更加容易突出重点，可谓一举两得。切忌那种画面平平满满，没有足够进深的"照片式构图"。灵活的结构造型能够帮助我们在构图时做出合理的加减处理，从而获得较为活泼的构图方式。曲线形的造型结构，更有利于我们在构图时做出前后关系的夸张处理。画面构图的好坏、空间边缘线条的增减控制，不单是手法和技巧问题，也或多或少体现了设计师的艺术修养。

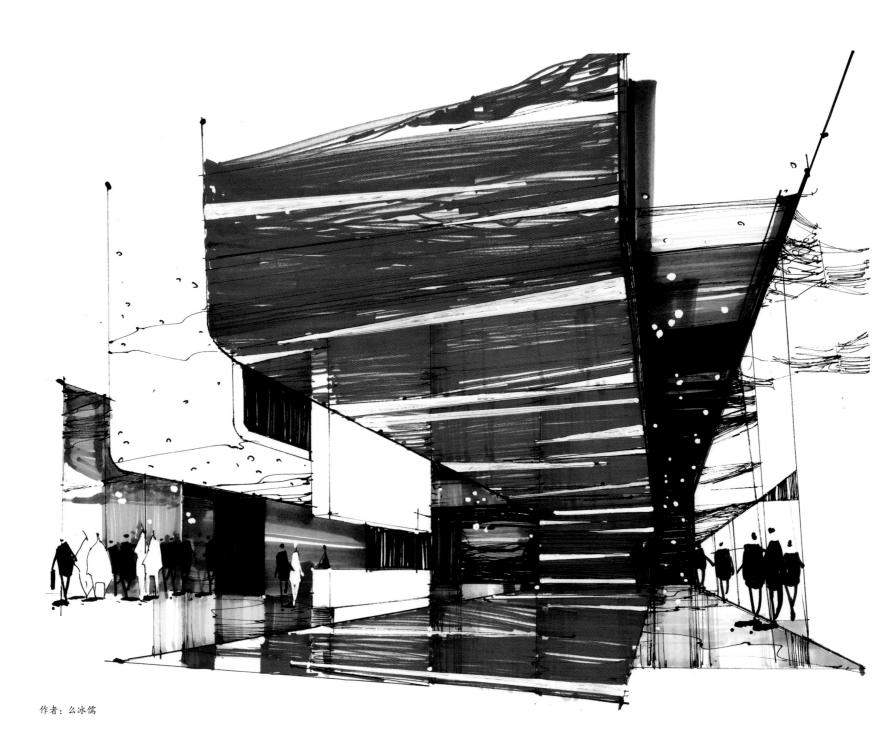

作者：么冰儒

作者：么冰儒

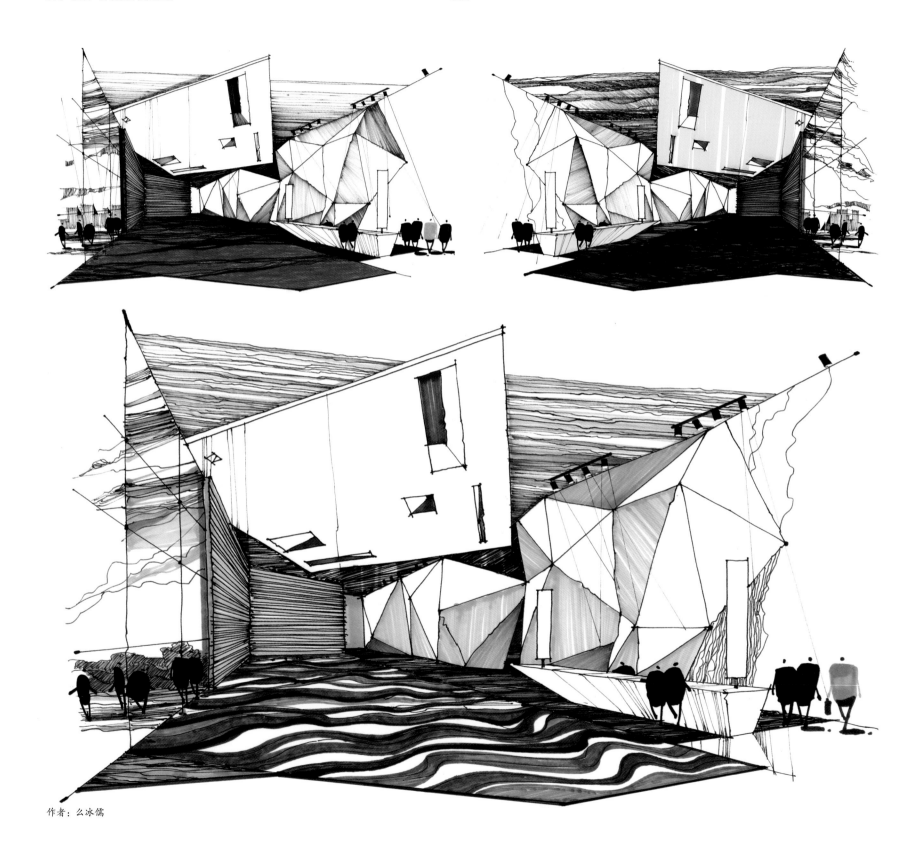

作者：么冰儒

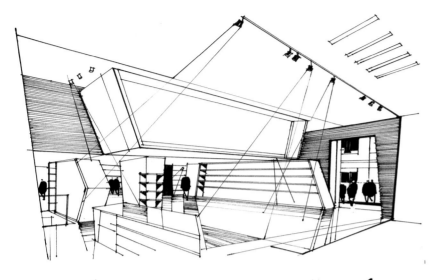

5.1 从展示设计案例看组合与构成

■ 描绘展示空间效果图要注意角度、透视视点的选择；注重空间中物体的表达方法，要有清晰的造型与结构关系。运用结构关系、线条关系和透视关系，给空间带来强烈的构成感，更能呈现展示效果。

作者：么冰儒

作者：么冰儒

作者：李小霖

■ 从平面功能布置、细部造型、立面造型、透视预想图的绘制到淡彩线描，这是室内设计手绘表现的一个循序渐进、设计思维"初创表现"逐步到"方案表现"具体化的过程。

■ "初创表现"是有关"设计路径的寻求和比照"的环节。这一阶段的手绘表现，着重于设计单元的多样性衍生和类型化梳理，反映在图面上，往往是同一群体间多侧面的关系呈现，及同一单体内多形态的内容配置等。较之前述的"概念表现"，此阶段更趋于理性与准确，既扼要又多样。这类"初创表现"，具有"造型试验和价值累积"的性质，这样的"手绘表现图"对应的是设计团队"集体"，属"基础与演绎的路线图"。

■ "方案表现"是关于"设计内容配置和实际操作逻辑"梳理和具体化的环节。这一阶段的手绘表现，侧重于基本结构、材料、技术以及综合处理手段等的贴合关系的表达，反映在图面上，除常规的"整体性"要求外，会增添诸如局部节点、材料肌理、造型类别等"非整体"的内容。此外，还会出现剖面、立体、分解、示意及其他图形并用的方式，也会出现符号、短句、版式、色彩及光影传递指示等交织于图面的现象。这类"手绘表现图"，具有"分门别类"和"制作工法"等性质，它主要对应设计各相关部门的需要，是设计各环节间"深化与协调的依据"。

作者：么冰儒

作者：袁铭兰

- 不同的空间具有不同的功能属性，而功能属性在某种程度上决定了其形式风格的变化。
- 成功和优秀的作品，其画面的构图往往是富于节奏的，好的画面构图用线有疏有密，有虚有实，画面中的留白部分即画中的"负形"，同样是完整的。一张好的作品不应该是画得满满的，它一定有一个视觉中心，也就是画面要着重表现的精彩部分，而到了画面的边缘之处，我们尽可以放松去处理它。

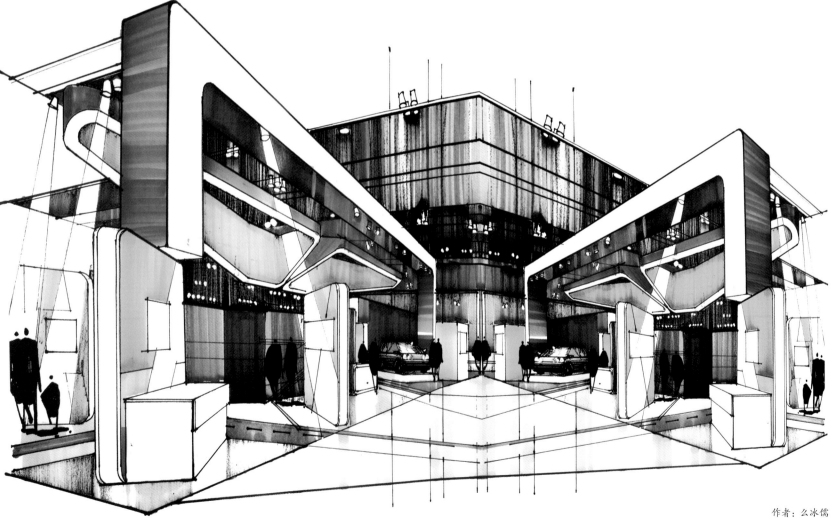

作者：么冰儒

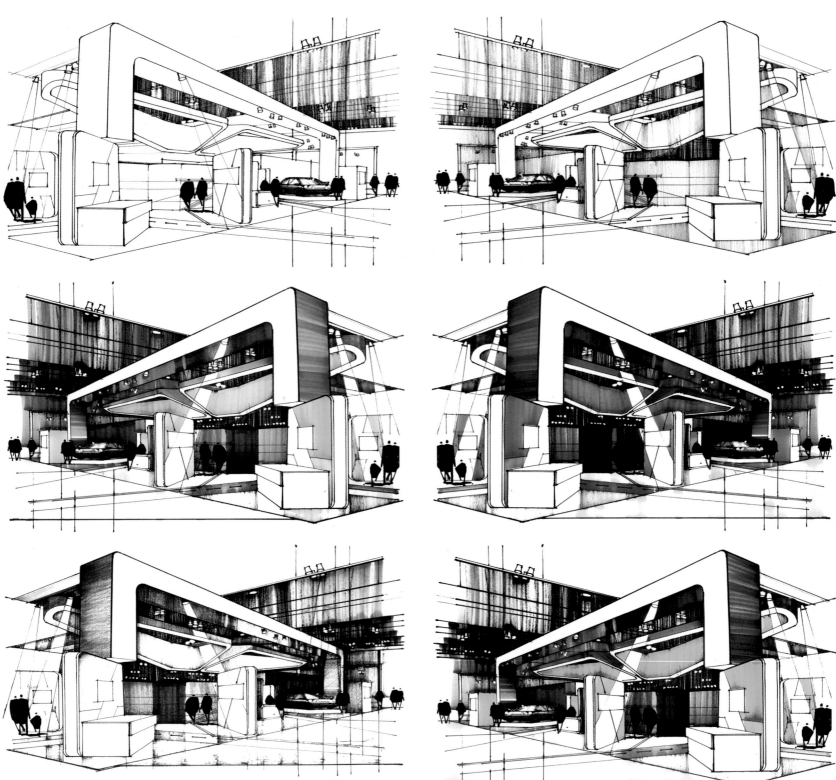

作者：么冰儒

作者：陈涛

作者：么冰儒

■ 展厅设计是展览和陈列的视觉艺
　术。在展示空间中用夸张大胆的
　造型艺术，本身也是一个很好的
　展示。

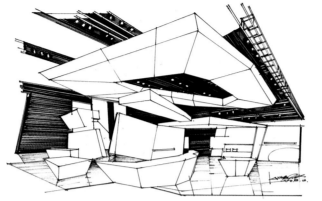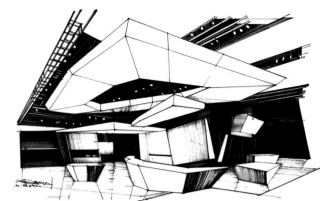

作者：么冰儒

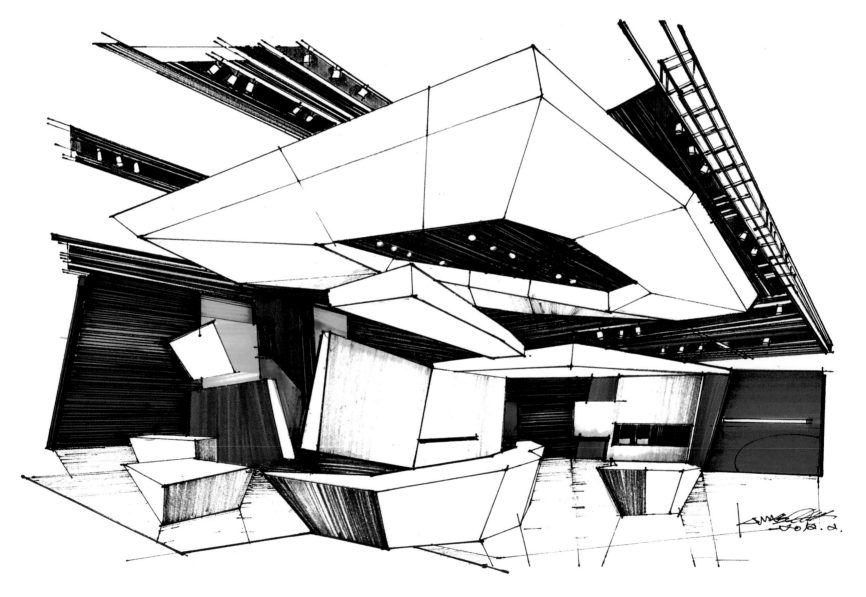

■ 在物体之间结构关系的表达已相对完整的情况下，如果有计划地略施色彩，
就可以让画面兴奋起来。展示空间的手绘效果图一般用色活跃，我们通常可
以运用强烈的对比色彩，或较为鲜艳的单色，使得设计效果能够在众多会场
中突显出来。由于我们是在二维的平面上表达三维空间，所以，在表现过程
中可以适当地夸张或减弱画面的明暗关系，令画面的表现效果更加强烈和精
彩，从而产生更高于生活、更主观的效果。

作者：袁铭兰

■ 运用线条进行肌理的表现是一种重要的表达技巧。
　 单纯的色块有时过于单调，可以通过线条的叠加使
　 得画面更有层次感。

作者：袁铭兰

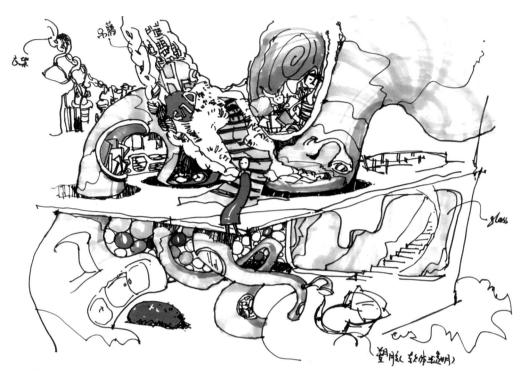

作者：袁铭兰

作者：岑志强

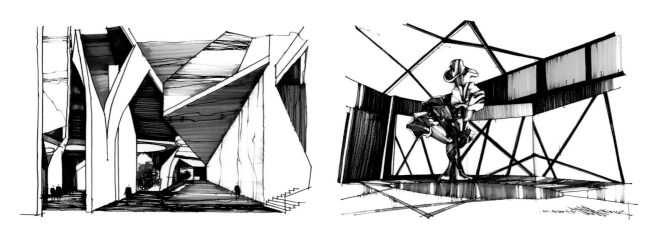

作者：么冰儒

5.2 重归细部表现

▪ 有了前述的单体家具的练习，就可以依据一定
的局部空间，应用已知的单体描绘方法，进行
小范围的空间组合练习了。

作者：李小霖

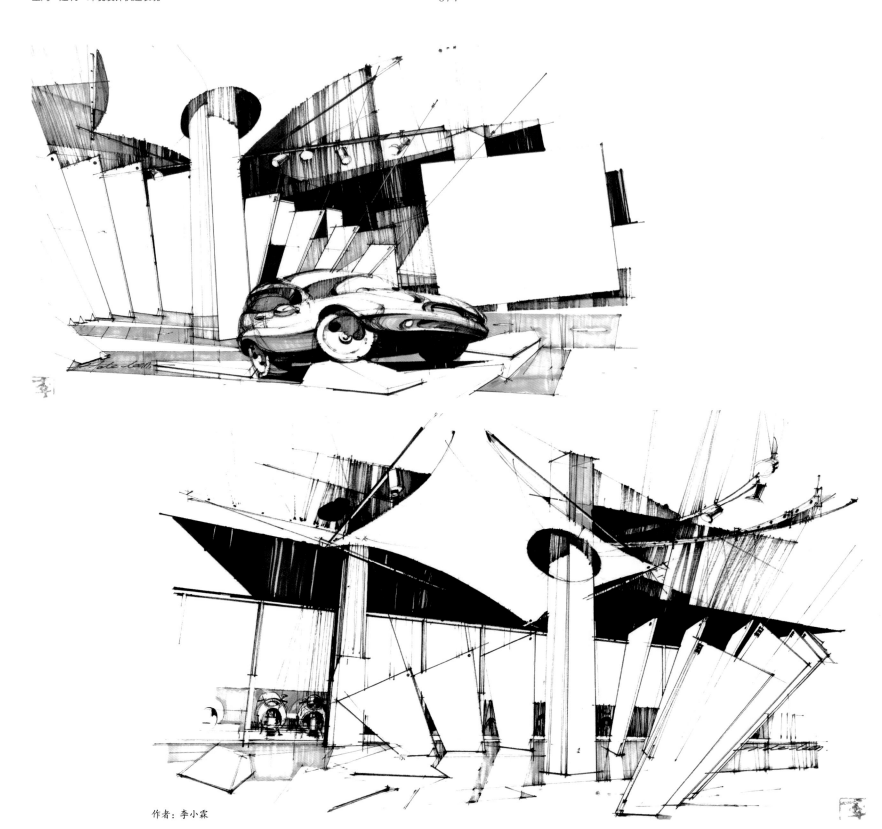

作者：李小霖

室内小空间在二维画面上的表现，相对来说透视感没那么强烈。所以在进行小型室内空间表现的时候，须更加注意角度、透视关系、空间形体前后顺序关系，可利用明朗有力的线条、简洁明快的色彩营造出轻松、大气的小型室内空间。

因此，我们在构图时应特别注意空间高度、宽度和深度的关系。初学者常常会把图面的进深画短，或是整个图面画得过满。画此类空间时，一般应先在纸上画一个小的构图，在定好室内空间的进深、视平线、消失点之后，再进行正稿的制作。总之，只要掌握了正确的方法，并且做到耐心、严谨，奇迹总会出现的。

6.1　小型办公空间的描绘

▪ 简单来说，办公空间的功能是与人们的学习、工作等分不开的。这样的环境要求布局合理，简洁明朗，充分利用自然光源，因此一般办公空间的工作环境应该特别强调其使用功能，有助于提高工作效率。另外，从色彩来看，办公空间的环境多以冷色调为主，以激发工作人员的工作情绪，使其保持良好的工作状态。

▪ 就造型而言，现代的办公室内环境的基本元素多以简洁的直线条为主，其材料的选择多以硬性的、通透的高科技材料，如钢、玻璃等为主。所以，在描绘办公空间时，我们尽可以用简洁、明快、轻松的直线条。色彩一般应作简洁配置，个别家具可恰当地施以相对人性化的色彩予以点缀。

▪ 如果说完美、严谨的线型的描绘是骨架，那么色彩可以被称之为皮肤了，有了色彩，画面往往会更生动、更具有生命力、更真实。需要注意的是：效果图中的色彩不同于艺术绘画中的色彩表现，在快速表达过程中，不需要考虑太多的色彩关系，更不用过分拘泥于其微妙的色相变化，只要适当地使用颜色，以求达到对观者的视觉刺激和信息传递就够了，尤其对于初学者，这一点至关重要。

▪ 下图中，线条显现出一定的功力，色彩的渐变和单色推移效果也简洁而具说服力，灯光的气氛更自然地跃然纸上。

作者：么冰儒

06

小型室内空间的表现

6.1　小型办公空间的描绘

6.2　小型家居空间的描绘

6.3　小型酒店餐饮空间的描绘

6.4　小型酒店客房空间的描绘

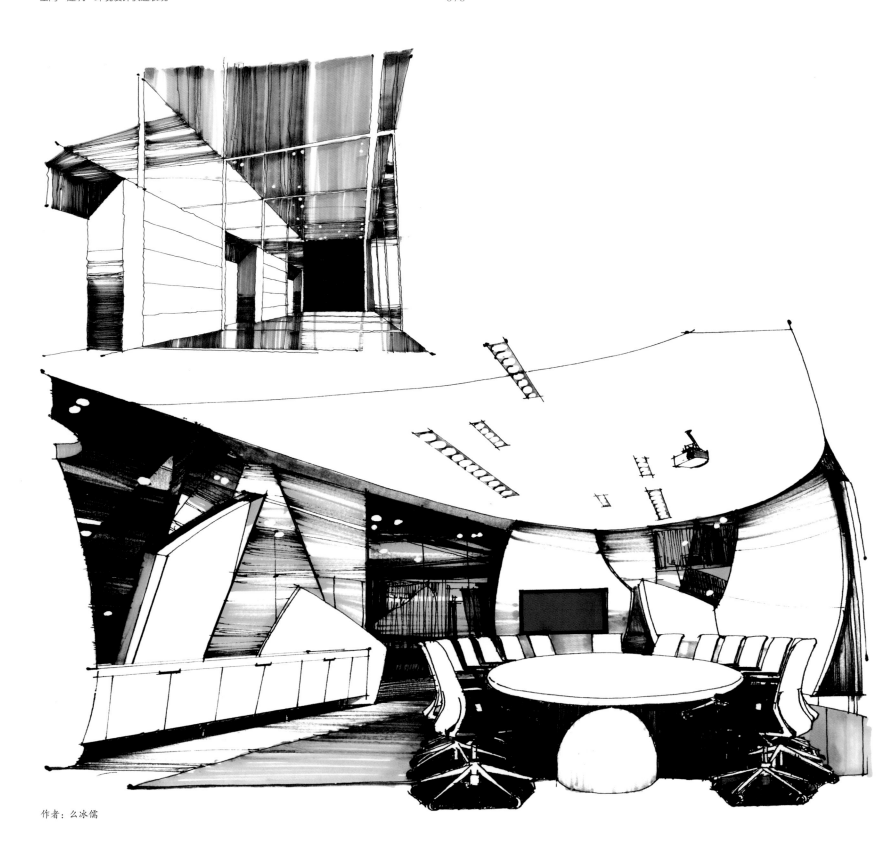

作者：么冰儒

作者：么冰儒

6.2 小型家居空间的描绘

- 任何一个成功的环境设计师，设计过程中都首先要考虑室内空间功能的连接，而不只是纯粹地进行视觉感观设计。有的设计作品看起来很随意，实际上是经过精心安排的，合情合理的。精彩的设计作品是设计者的情感和所设计空间功能的必然性的完美结合。

- 家居空间作为小型室内空间设计较常见的项目，看似简单，其实不然。一个优秀的设计师，首先应了解业主对房间的使用功能需求，例如其家庭成员人数、状况、各自要求等，然后再进一步了解业主的兴趣、爱好及设想。有了这些限定条件，设计师才能尽量满足不同客户的特定要求，力求做出最理想的设计作品。所以说，一个好的设计师要想进入正常的设计状态，首先必须要改变以唯美的形象设计为核心的设计理念。

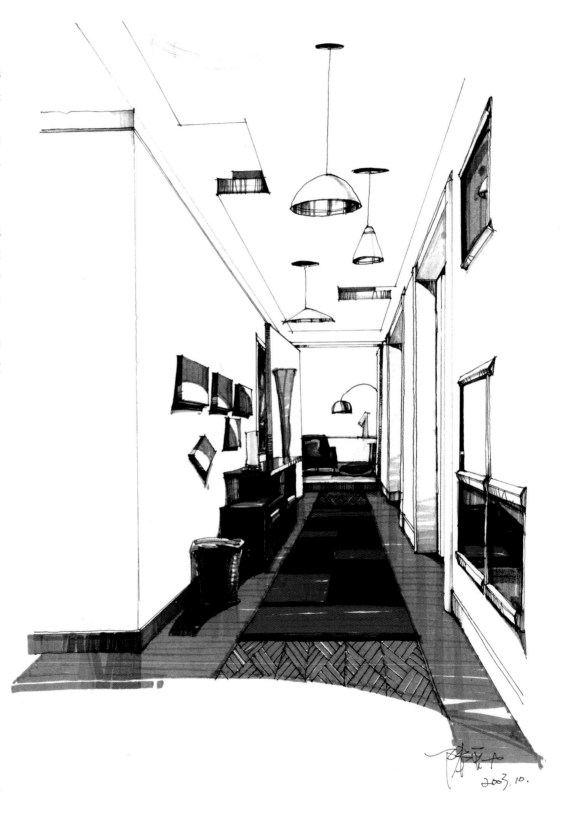

作者：陆劲

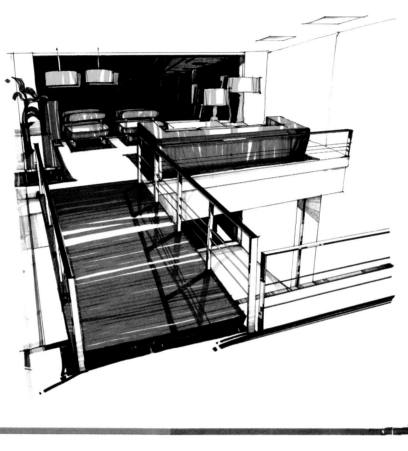

作者：陆劲

6.3　小型酒店餐饮空间的描绘

■ 酒店餐饮空间是最能体现空间个性的场所之一。每个餐厅都有其风格特色与
主题，家具、配饰、灯光的选择与整个空间氛围要协调一致，以创造出高雅
宁静的用餐环境。

作者：刘宇

作者：朱浩鸣

作者：伍华君

作者：伍华君

6.4　小型酒店客房空间的描绘

▪ 酒店客房作为客人休息、睡眠的区域，灯光照明、家具、
艺术陈设品应烘托出温馨、舒适的休息氛围。设计师需
要对色调与气氛予以把控。

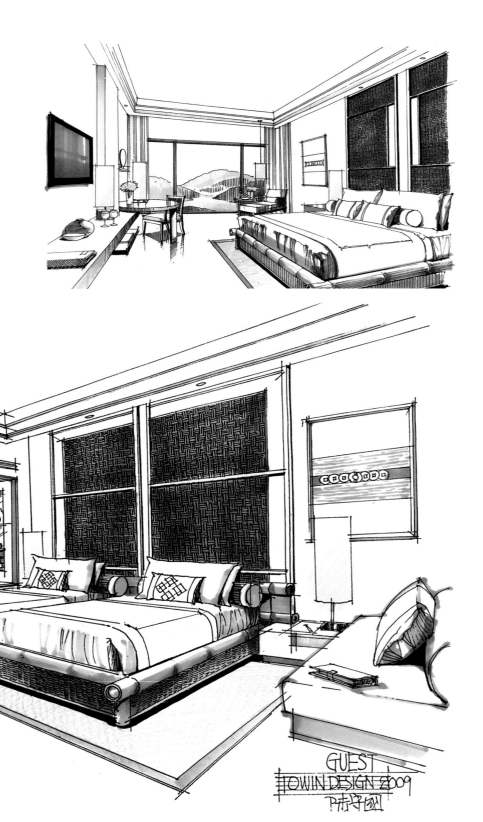

作者：陆守国

中型空间相比大型空间而言尺度相对小一点，但它们的快速表现手法并不是单一的。中型空间按空间功能划分，大致可以分为餐饮空间、商业空间、娱乐空间、办公空间等几类，我们可以在控制好其构图、色彩、质感、造型结构的基础上，根据空间的不同功能属性而赋予它们不同的表现形式和风格。

7.1 中型休闲娱乐空间的描绘

▪ 对于休闲性娱乐空间，在满足使用功能的情况下，设计师可以尽可能地大胆使用夸张的造型、强烈的色彩给予空间以个性化的装饰，以满足消费者的休闲娱乐心理。

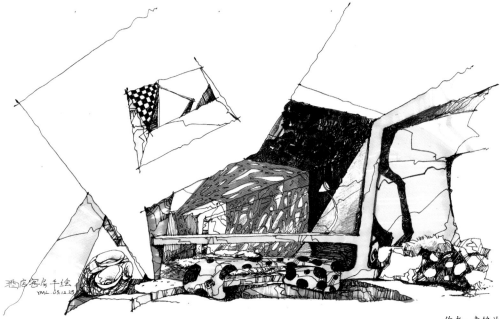

作者：袁铭兰

中型室内空间的表现

7.1 中型休闲娱乐空间的描绘

7.2 中型餐饮空间的描绘

7.3 中型商业空间的描绘

7.4 中型办公空间的描绘

■ 不同的空间有其不同的功能属性，设计
师应按照空间属性的不同而赋予它们不
同的效果。例如娱乐空间的色彩相对强
烈、刺激、丰富、迷幻；家居空间的色
彩表现相对随意、舒适、温馨；而高科
技工业办公空间或展示空间的色彩，常
常以冷灰的金属色为背景进行表现，因
此，绝不能一概而论。

作者：么冰儒

7.2   中型餐饮空间的描绘

我们在表现餐饮空间时，最难把握的是餐椅在画面中的分布，往往由于室内空间的餐桌、餐椅过多而不知如何下手，遇到这种麻烦时，可适当控制视平线和消失点所在空间高度的位置，问题也就迎刃而解了。

作者：伍华君

作者：陆守国

作者：陆守国

7.3　中型商业空间的描绘

■专卖店空间可以通过对橱窗、灯箱、招牌、灯光、装饰物
以及奇特造型等要素的设计，吸引顾客对商品产生兴趣和
购买欲望。

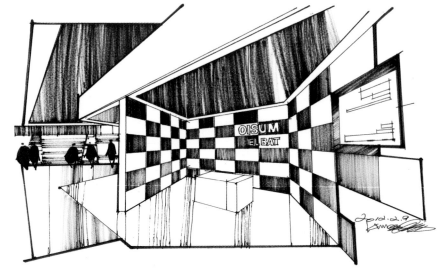

作者：么冰儒

作者：梁天宇

作者：李明同

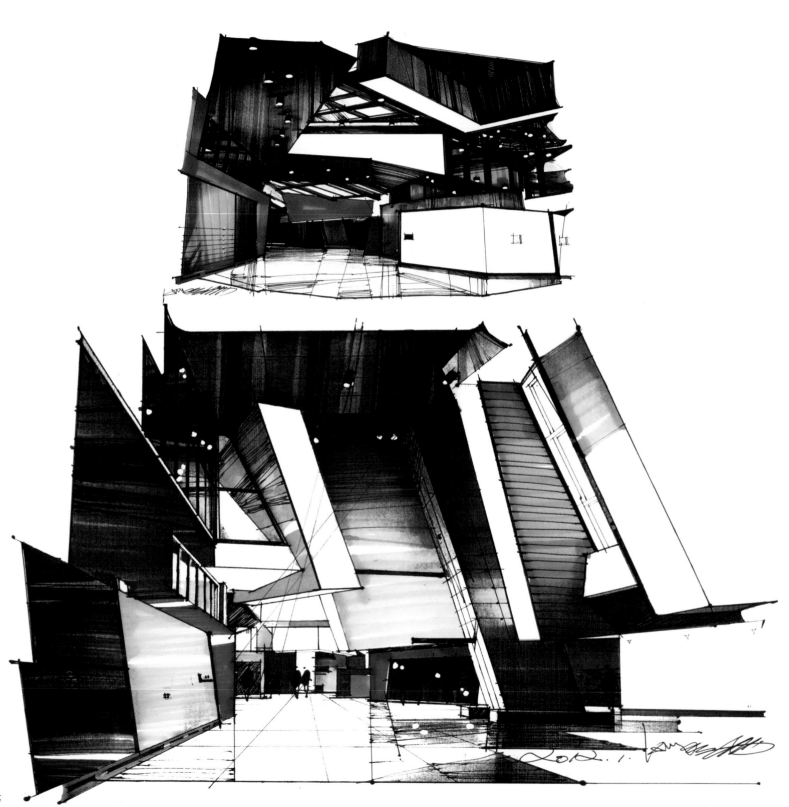

作者：么冰儒

7.4 中型办公空间的描绘

■ 在办公空间这样的大环境中，会客室、接待洽谈室、会议室相对于职员办公室的设计应更为人性化。其使用功能决定了室内的色彩、材料、造型设计应体现为相对的柔性设计，应更人性化一些。

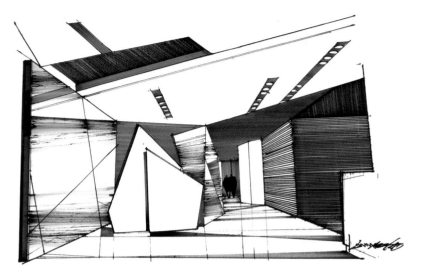

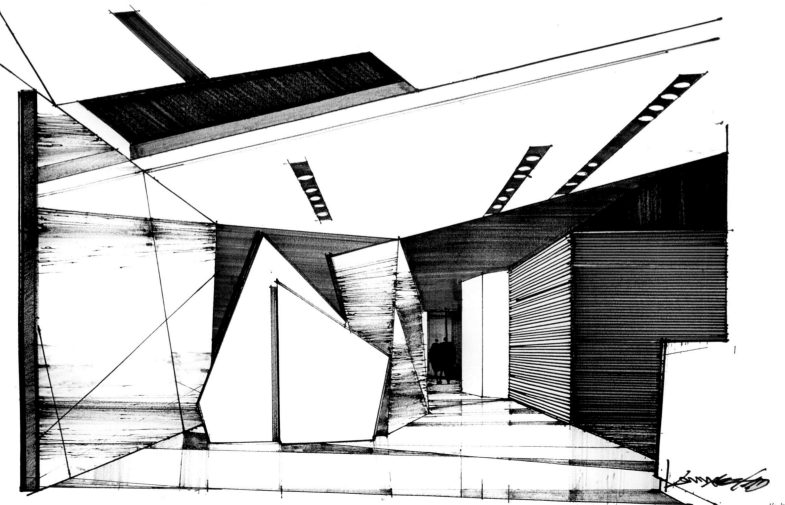

作者：么冰儒

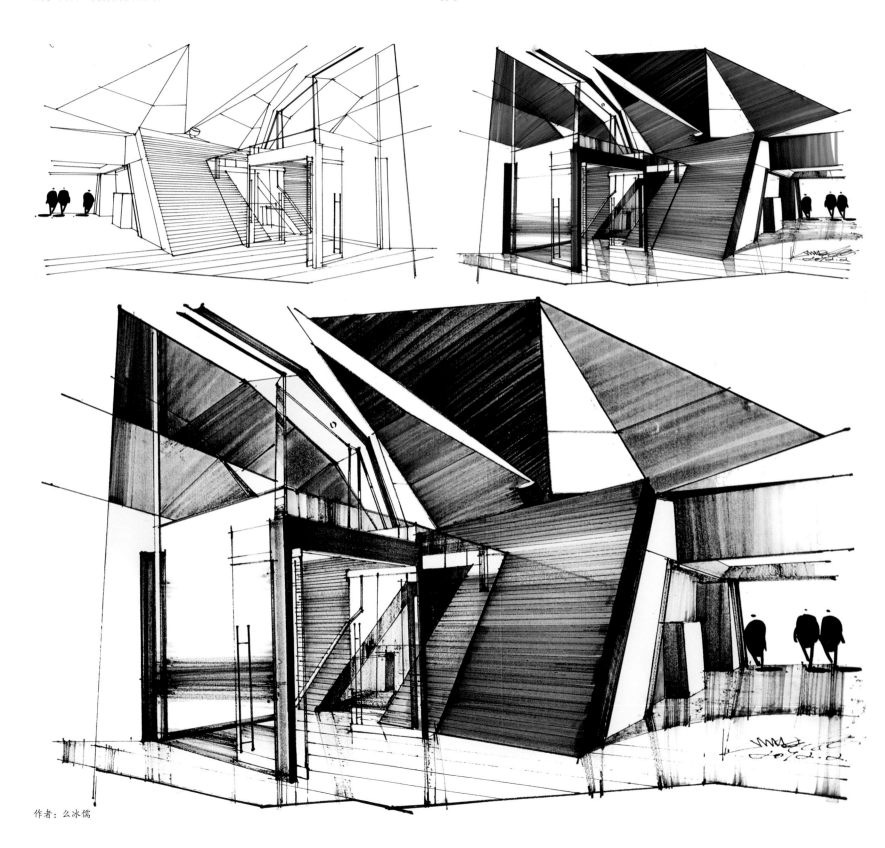

作者：么冰儒

大型空间一般尺度较大、纵横相差较大，画面的横向表现空间有限，不易完整表现出画面中的横向尺度，此时可以通过立柱造型、顶棚吊顶线条的透视来表达空间进深的尺度。其表现相对复杂，不像家具单体、灯具等造型相对简单的物体可以用简单的目测透视法来完成，所以我们首先要在草图小样中先作大致的构图，根据要表达空间的侧重点，选好消失点在画面中横向和竖向的位置，以及空间的进深等。

8.1 大型商业空间的描绘

■ 一般情况下，画面的空间越大，我们的视平线相对就越低，大型商业空间视点的高度通常不会高于 1.5 m。由于画面的消失点位于视平线上，所以消失点的位置高低变化决定了画面空间看起来是否宏伟，而消失点的横向位置的变化，则决定了画面的左右立面之间的关系。

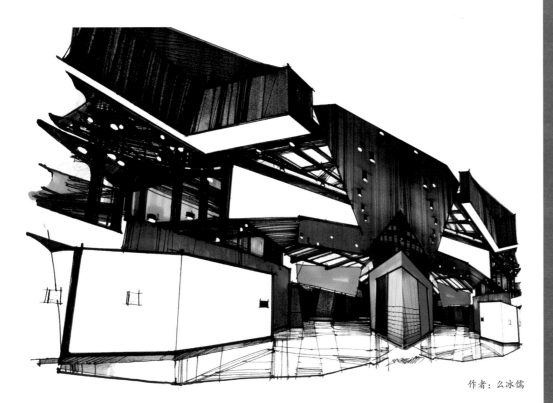

作者：么冰儒

大型室内空间的表现

8.1　大型商业空间的描绘

8.2　大型酒店空间的描绘

8.3　大型展览公共空间的描绘

8.4　大型办公空间的描绘

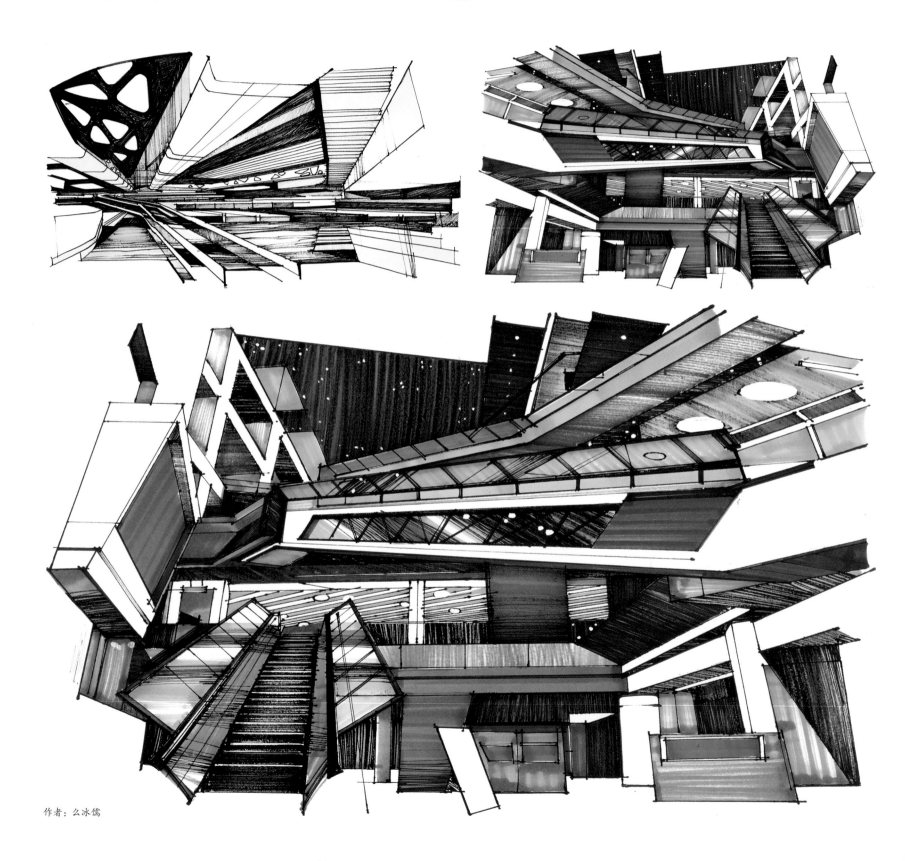

作者：么冰儒

■ 圆形元素在各种商业空间中总是频繁地出现，
　它能带给我们灵动的视觉感受。

作者：么冰儒

8.2　大型酒店空间的描绘

▪ 描绘大型空间的时候，我们要将整个空间的调子关系进行排序，在大脑中形成序列，就如画素描画，它有最深的暗部，再有次深的，然后才是灰色面，最后是受光面；其中，灰色面和受光面又可以分出多个层次。把所有的这些调子关系梳理清晰后，才能胸有成竹地绘制出如下图般干练精彩的效果。

▪ 单纯的线稿表现要注重刚柔并济，用线时注重强弱线条的交替使用，即使是勾画简单的结构，也不能只使用一成不变的力度和曲折的线条。要注意线稿构图时力度的轻重缓急，使线条富有变化。

作者：么冰儒

■ 人物在画面中的出现也不容忽视，正如我们在前面所言，人物的作用有二：
其一是作为一把尺子，便于通过这把尺子，来测绘和度量出空间的大小，所
以，切记人物在画面中的比例关系必须正确，否则将适得其反，给观者以视
觉上的误导。其二，人物可用以表现氛围，在设置的数量上较为灵活。

作者：么冰儒

作者：么冰儒

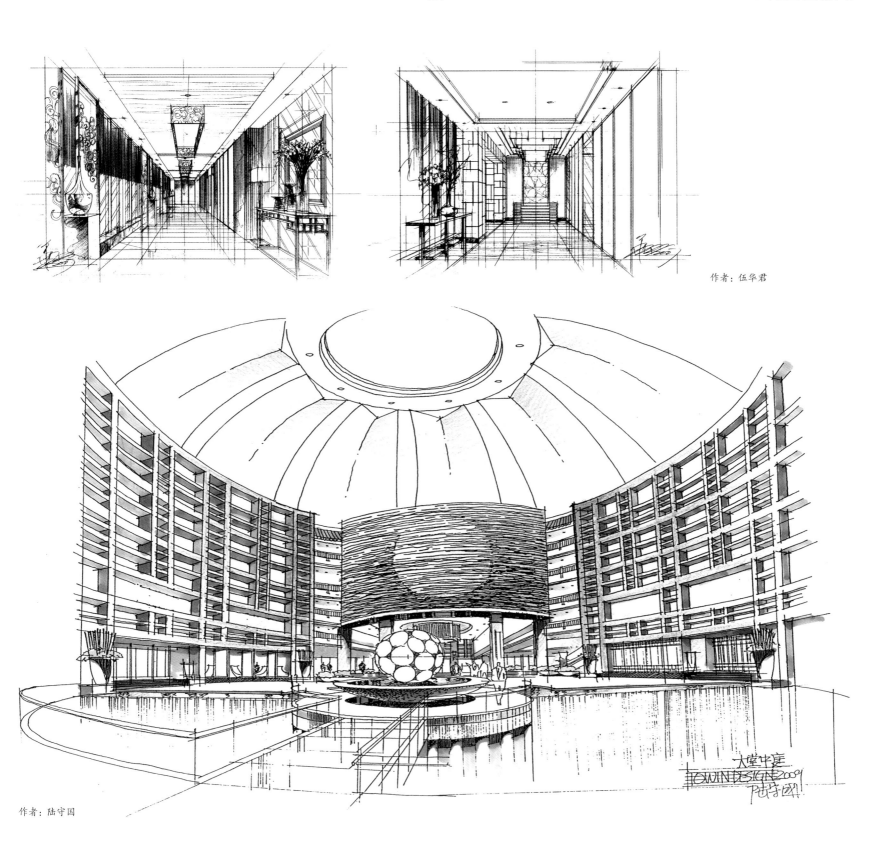

作者：伍华君

作者：陆守国

作者：陆守国

8.3　大型展览公共空间的描绘

■ 对大型展览公共空间的手绘表现，可利用
夸张的视角、强烈的尺度感、少量的饱和
色，突出表现展览公共空间的特点。

作者：肖烨

作者：么冰儒

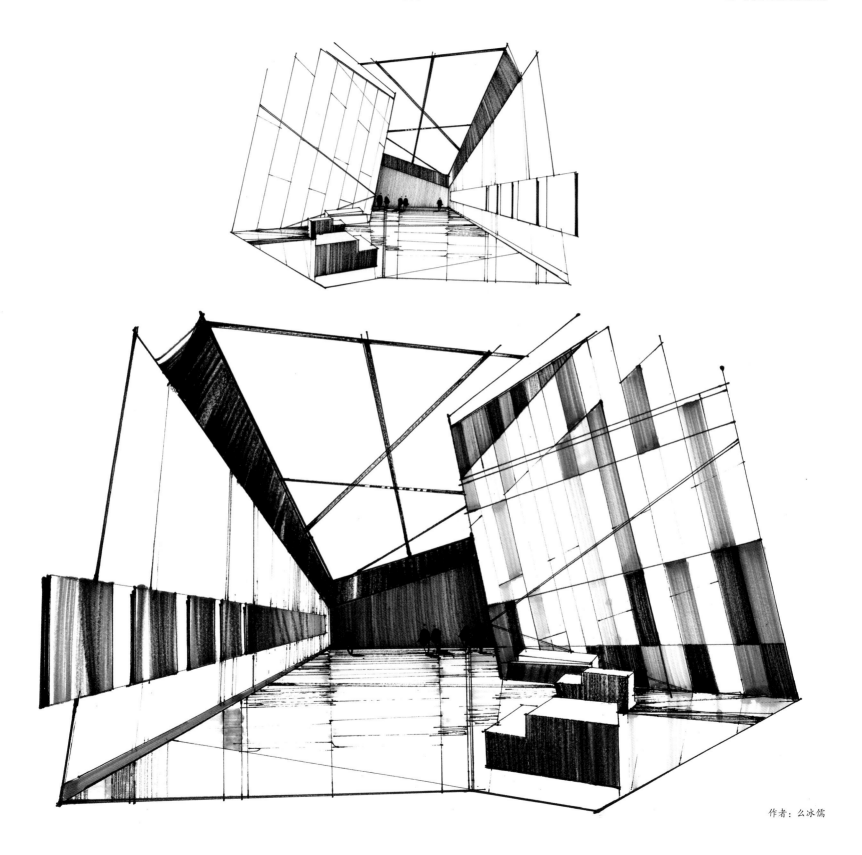

作者：么冰儒

8.4　大型办公空间的描绘

■ 在快速表现过程中，如果画面全部采用单一线条有时会显得过于单薄，缺乏表现力度。通过对光影的反复刻画，多层线条的重叠，不仅可体现出画面的节奏感，同时也使画面的调子和结构更加丰富。这种描绘方式须注意的是，要对空间的投影关系作细心的分析，投影方向必须一致。同时，我们还要使在一个空间中不同的投影会有不同的深浅变化，做到统一中有细节。

作者：么冰儒

作者：李小霖

09

建筑外观及门面的表现

9.1　徒手线描和淡彩描绘

9.2　精细线描和淡彩描绘

从徒手线描到精细线描是手绘表现的一个循序渐进的过程。徒手线描是设计师在方案阶段用于收集资料并绘制设计概念草图的快速表现手法。

精细线描表现，需要在徒手线描的基础上，对形体、比例、结构、色彩等方面进行更精细的绘制，增加细节刻画，以更好地传达设计师的设计理念。

淡彩表现可以更好地表达材质和光影的效果，以增强画面的视觉冲击力。

9.1　徒手线描和淡彩描绘

■ 徒手线描表现是一种不拘形式与方法，在短时间内将所表达对象描绘出来的表现技法，其特点在于快速。徒手线描不仅可以用来收集资料，更能够直观有效地表达设计师所要传达的设计意念、设计构想。

作者：李小霖

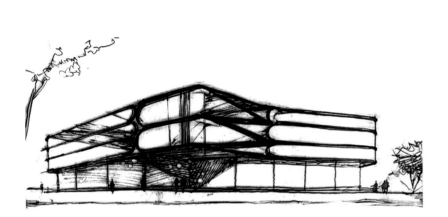

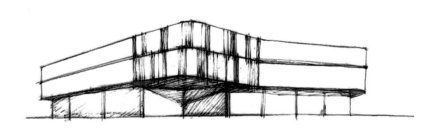

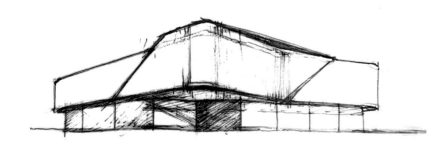

作者：么冰儒

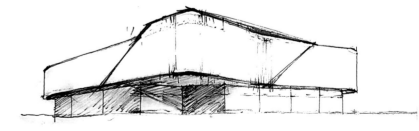

作者：么冰儒

SCHEME B alt. ③.

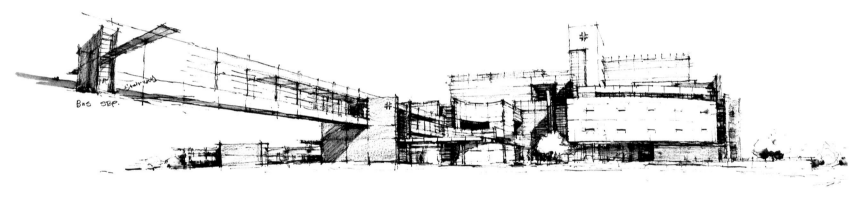

Bus stop.

6/2004. SKMP. ST. JUDE MEDICAL CENTER. FULLERTON. CA.

Local on the curtain w.

ST. JUDE MEDICAL CENTER. FULLERTON. CA.

作者：李小霖

ST. JUDE MEDICAL CENTER FULLERTON

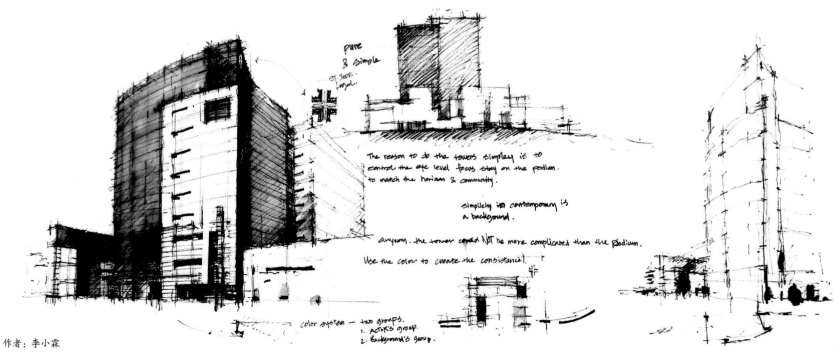

pure & simple.

ST. JUDE logo.

The reason to do the towers simpley is to control the eye level focus stay on the podium. to match the horizon & community.

simplicity in contemporary is a background.

anyways. the tower could NOT be more complicated than the podium.

Use the color to create the consistance.

color system — two groups.
1. Actor's group.
2. Background's group.

作者：李小霖

■ 淡彩描绘注重层次关系、大
小关系和虚实关系，从大面
积色块平涂延伸到塑造细节。
色彩的轻重应符合黑白灰素
描关系的表现。

■ 景观与环境的关系，是我们
设计的一个重要课题。前景、
中景和远景，每一层次的关
系都应该在画面中得到合理
安排。

作者：么冰儒

■ "效果表现"是有关设计品质"综合印象"和"整体价值"的集中表达。这一阶段的手绘表现，是着重对前述各阶段图面成果的"高度提炼、优化整合以及视觉化渲染与升华"，反映在图面上，则多强调元素的可靠、视像的完整、图式的共识、艺术的感动以及表现的别致与强度等。它既应全面详尽，更需详略相宜；它高强度地传递核心价值，亦"智慧"地"高于生活"；它需激发观者的情感共鸣，更应"诗化"地唤起人的需求。这类表现图，具有"清晰且周密地介绍"、"理性且艺术地催眠"、"别致且强力地营销"等性质。

■ 手绘表现图显现着"技法的程式化"特征，而手绘表现能力的训练，需正面应对这一特征。

■ 手绘表现方法的多类别中，应强调"快速表现"这一特质，即："快速"应贯穿于手绘表现能力训练的始终。

作者：么冰儒

作者：么冰儒

作者：袁铭兰

作者：袁铭兰

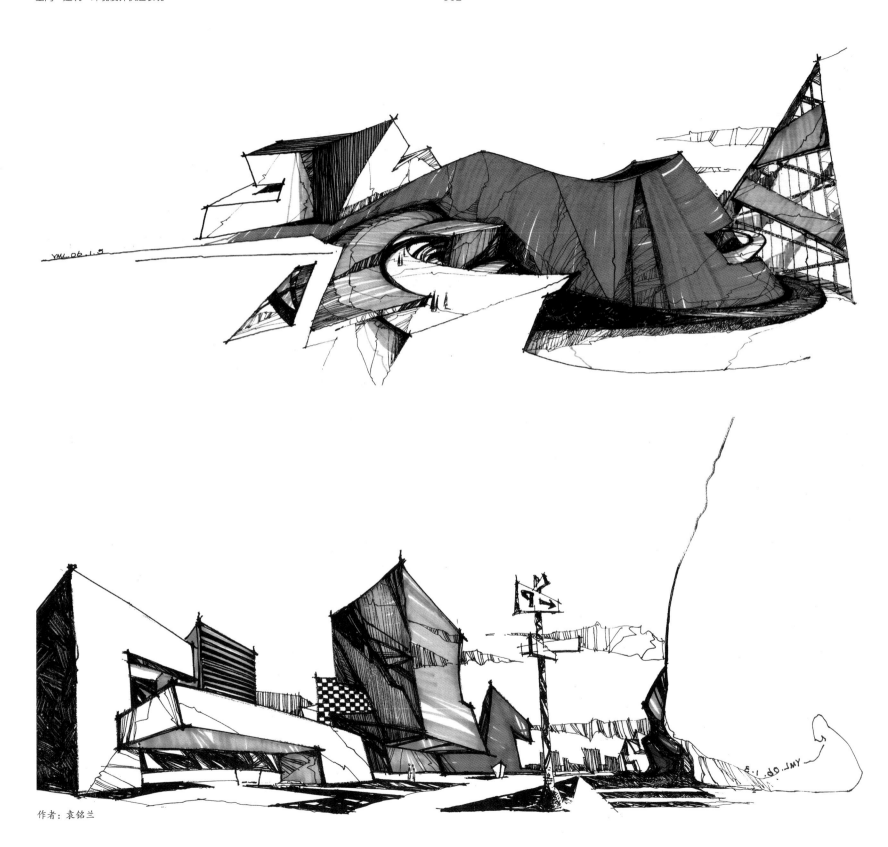

作者：袁铭兰

9.2　精细线描和淡彩描绘

■ 精细线描表现图的目的在于让观者对设计中所表现对象的形体、比例、结构、色彩等方面都有充分的认识，所以图面建筑的每一细节都应清晰准确地表现出来。设计师绝不能误传设计信息，必须对所表达的建筑体有充分的臆测性、前瞻性，这样才能把设计意志完全地展现出来。

作者：么冰儒

■ 用心去创作的建筑充满着美感和力量，建筑在用
 光和影叙述着形体与空间的故事。

作者：么冰儒

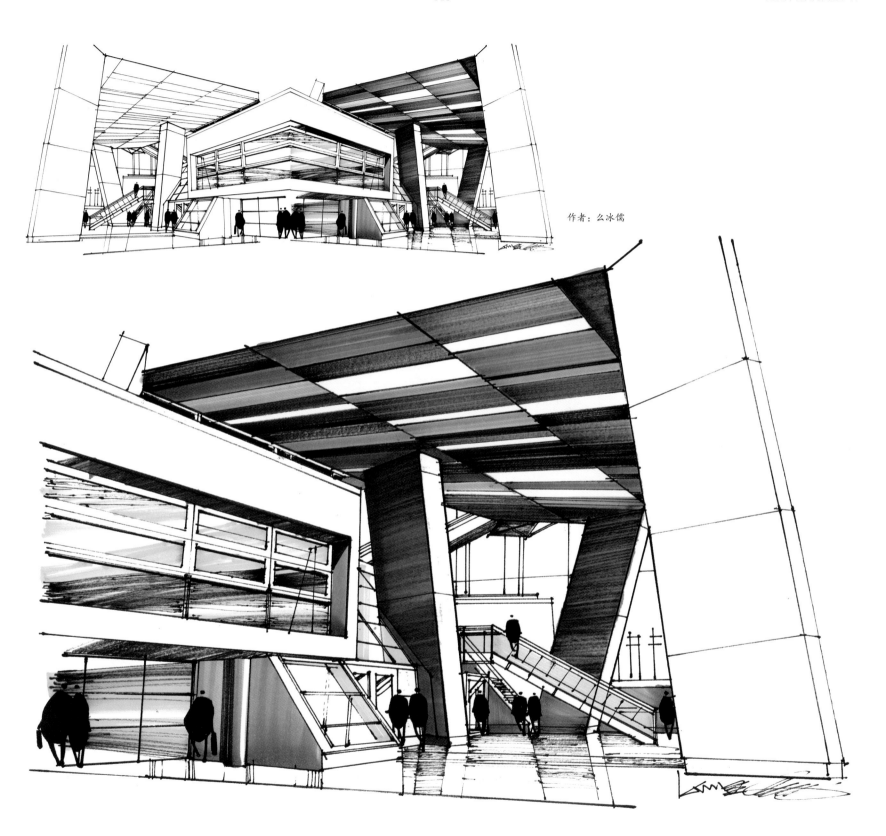

作者：么冰儒

作者：么冰儒

作者：么冰儒

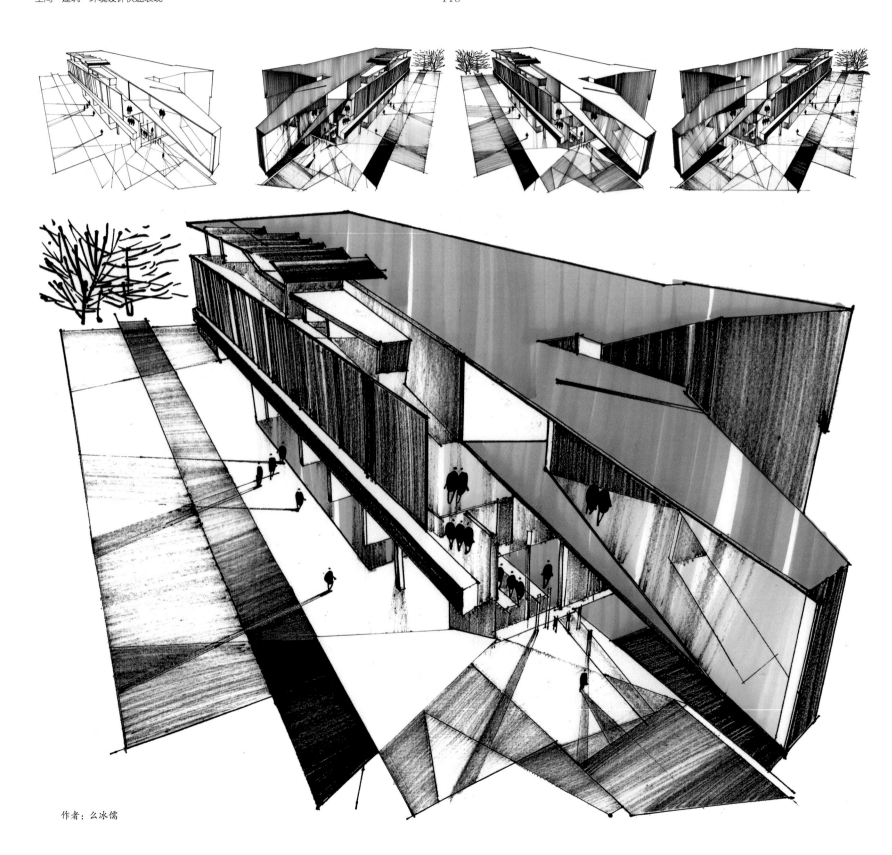

作者：么冰儒

建筑外观及门面的表现应特别注意视平线位置的选择。表现宏伟的建筑物时，其视平线的位置选择相对要低，若视平线的位置过高，建筑物就会失去宏伟壮观的感觉。另外，在表现图中，还应特别注意植物及人物的比例关系。前面已提到过人物、植物不仅有烘托画面气氛的作用，更起到图面中比例尺的功能。如果画面中出现了 10 层楼高的巨树，3 层楼高的巨人，那么再高的摩天大楼也只会成为"七个小矮人"的栖身之所。

作者：么冰儒

作者：么冰儒

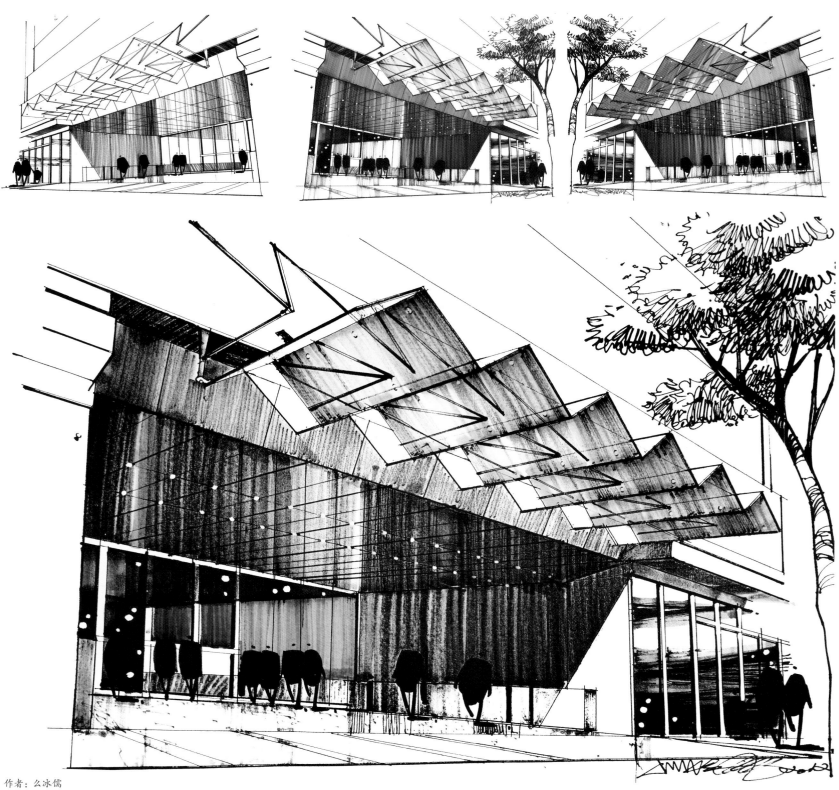

作者：么冰儒

■ 建筑是文化中的一环，
建筑来自于心对光和
影的认知，人有着对
美追求的本能以及对
光的向往。

作者：么冰儒

作者：叶敏

作者：李小霖

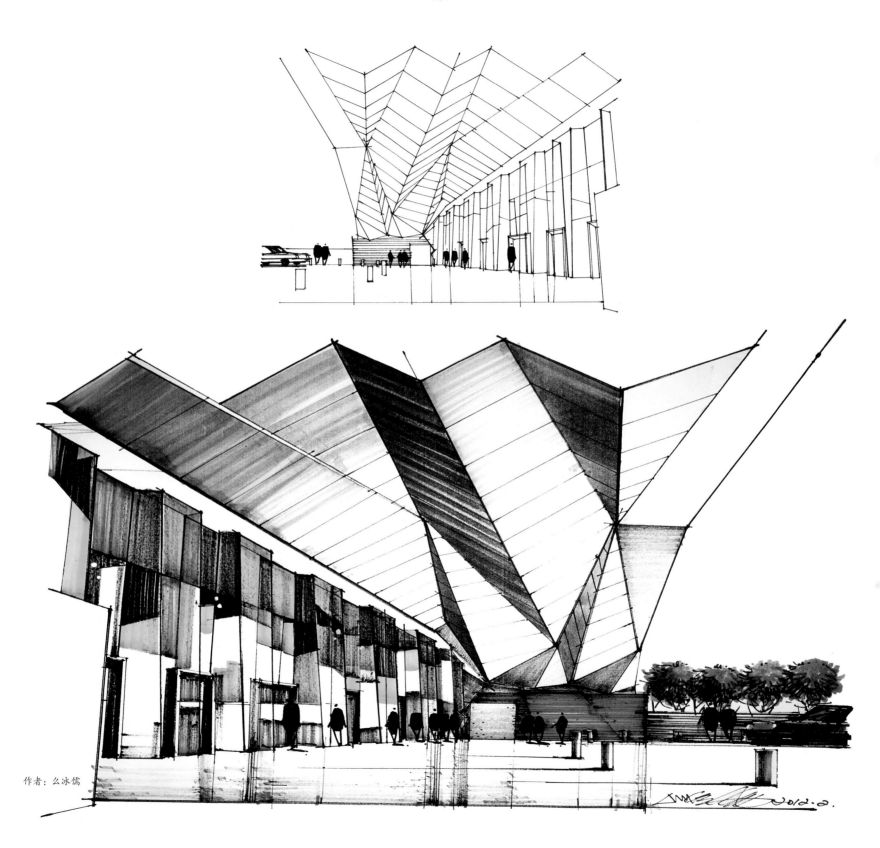

作者：么冰儒

■ 很多初学者在画投影时不敢使用
　明度较深的色彩，其画面就会显
　现轻飘、没有着落之感。所以，
　不妨大胆尝试一下用明度较深的
　色彩画投影，或许会有所收获。

作者：么冰儒

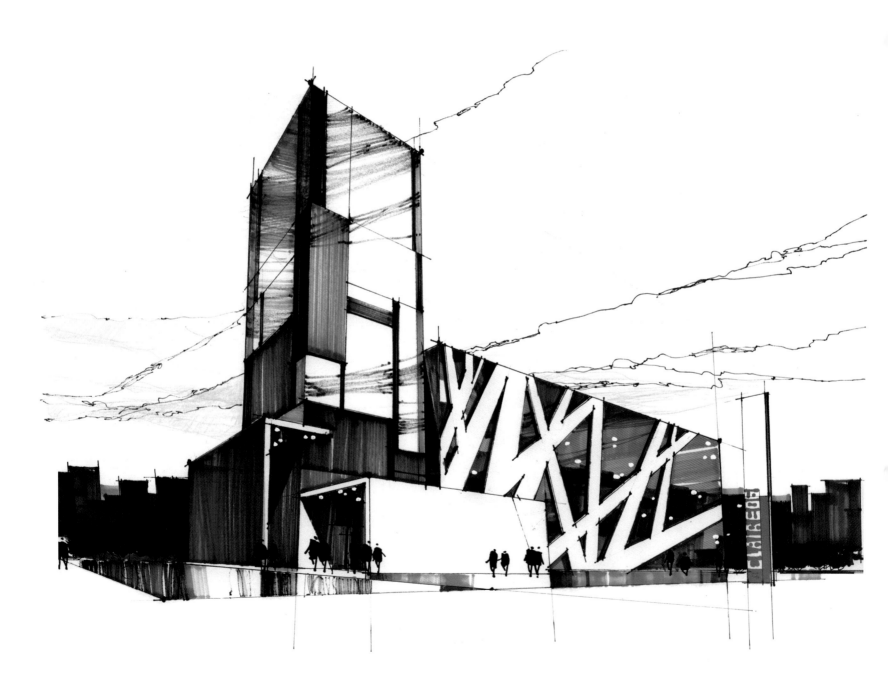

作者：么冰儒

■ 采用夸张的透视感、张扬的造型、明艳的色彩等
　具有艺术化的手段来处理，可获得别具风格、带
　有艺术色彩的手绘表现画面效果。

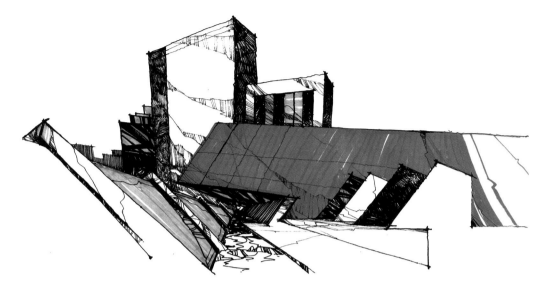

作者：袁铭兰

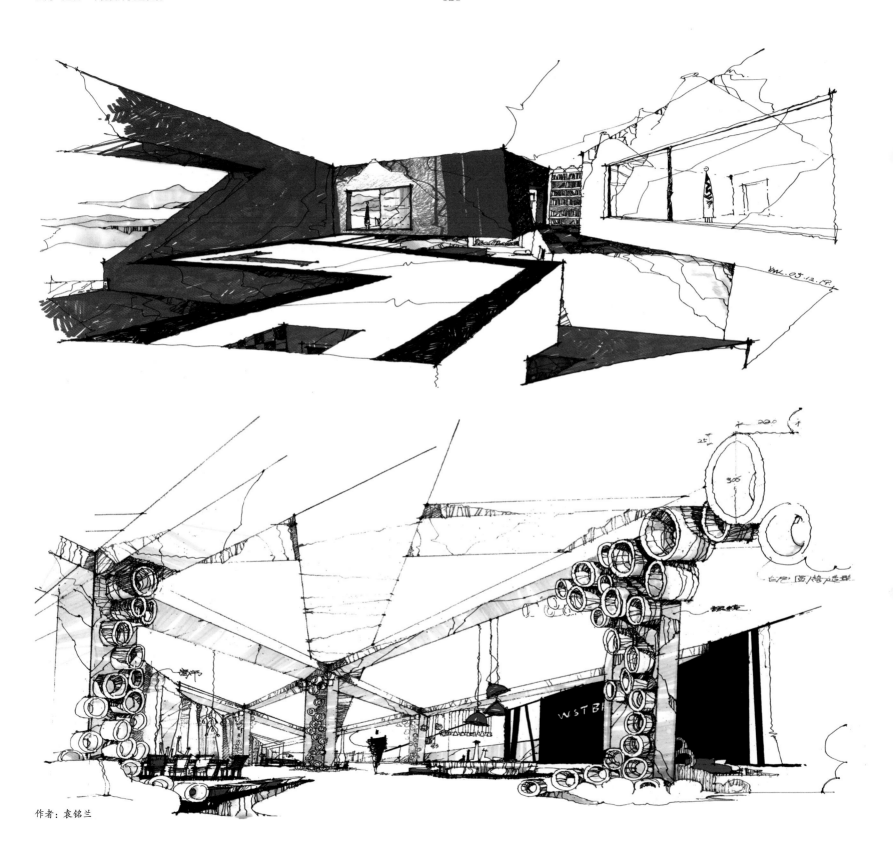

作者：袁铭兰

作者：杨斌平

作者：么冰儒

作者：杨斌平

作者：赵铁力

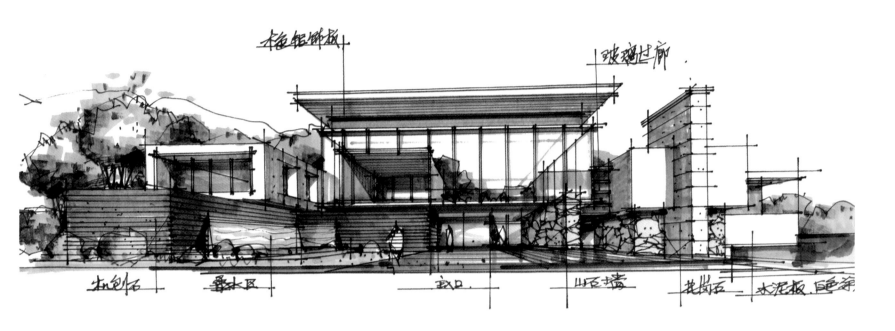

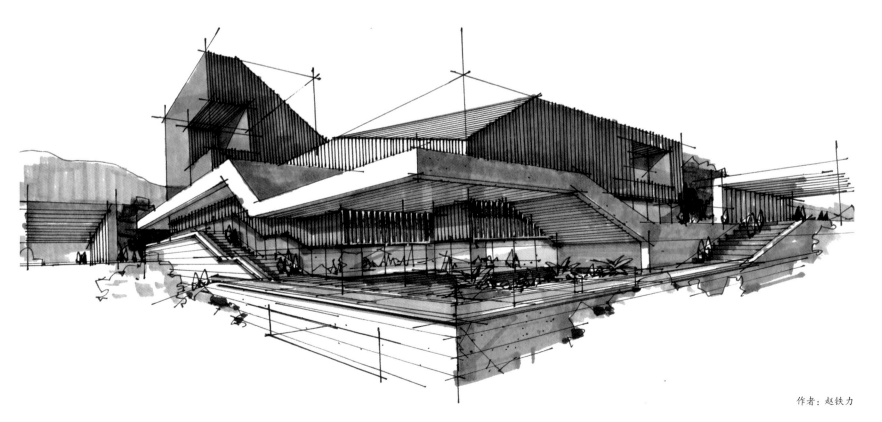

作者：赵铁力

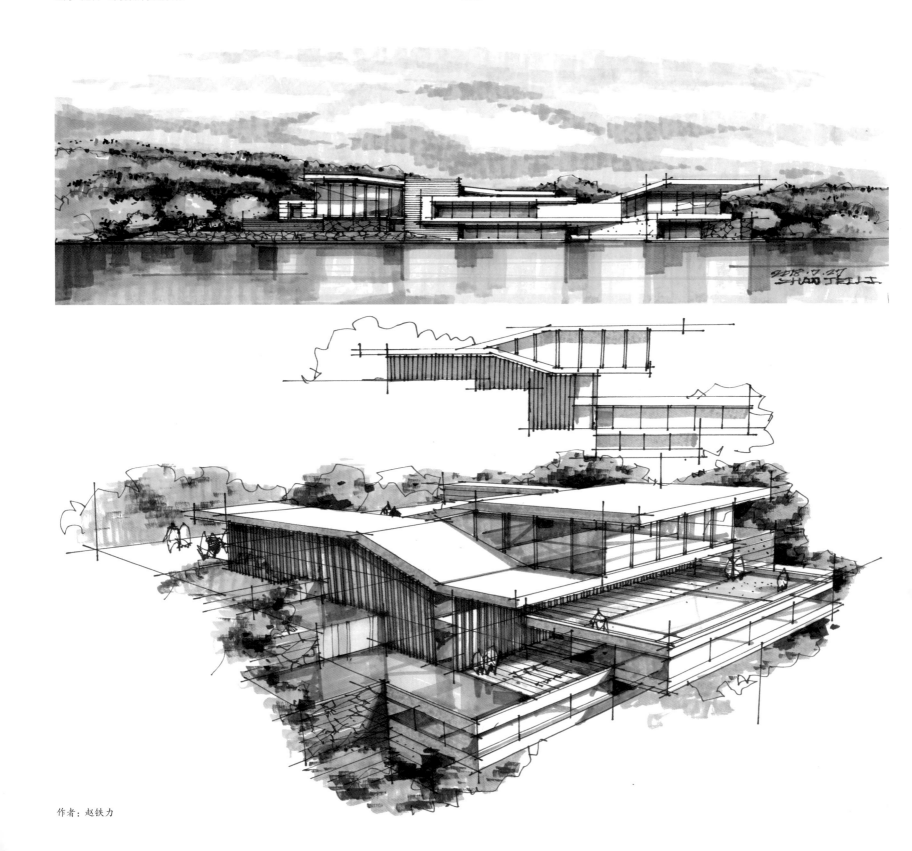

作者：赵铁力

作者：李明同

作者：尹国煊

10

园林景观的表现

10.1 园林景观局部造型的描绘

10.2 园林景观徒手表现到精细线描

10.3 园林景观的淡彩描绘

快速手绘是园林景观设计师非常重要的设计表现手段。在设计过程中，通过草图、透视表现图等可以达到快速表达设计思想的目的。尤其彩色手绘表现图，可以更充分地表达设计作品的形态、结构、色彩、质感、体量感等，具有高度的说明性。在向客户讲解设计创意的时候，需要以手绘形式将客户的建议和要求记录并表示出来。因此，手绘表现是园林景观设计师需要掌握的基本技能。

作者：夏克梁

10.1　园林景观局部造型的描绘

- 植物、山石、水体、人物、车船等配景是构成园林景观的重要元素。
- 进行透视图手绘表现的时候，需注意画面的透视关系，要注意整体空间比例、尺寸规格、构图；整体空间植物的围合组织搭配；构图中前景、中景、背景的对比关系；人物配景的视点。

作者：李明同

作者：夏克梁

作者：夏克梁

作者：李明同

作者：夏克梁

■ 绘制配景单体和配景组合训练非常有必要，并且
需要设计师花时间和精力去总结和领悟。在绘制
植物、山石、水体、人物、车船等组合的时候，
要注意其前后关系、层次关系、搭配方式的表现。

作者：李明同

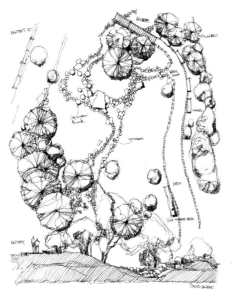

作者：李小霖

10.2 园林景观徒手表现到精细线描

▪ 园林景观徒手表现最重要的目的：一是快速，二是表达清楚设计的重点。

▪ 设计时根据脑中所想大胆练习，运用黑白线条便可勾勒出完整准确的方案草图，表达设计师的设计概念。

▪ 在进行徒手表现时，要注意草图所要表达的主要内容：①绘制画面的核心部分，即重要的景观场景和构件；②配景要合理组织搭配，以烘托重点处的设计；③线条疏密有致，利用明暗、层次关系来营造空间感。

▪ 徒手表现无论在层次、主次或透视上都还不是非常严谨，草稿到正稿的转变过程中这些方面都需要设计师依据美学原理、构图原理和透视原理主观地再进行调整、深化。

挪威海滨文化博物馆

作者：耿庆雷

意大利拼木住宅

作者：耿庆雷

作者：耿庆雷

作者：耿庆雷

10.3　园林景观的淡彩描绘

▪ 园林景观手绘表现的类型有：平面图、立面图、透视图、
　鸟瞰图。

▪ 园林景观平面图、鸟瞰图表现，应注意整体的空间布局、
　场地的功能分区、结构的分析，以及景观节点、功能形式、
　道路交通等要素，将方案的整体空间关系表现出来。

作者：Andrew

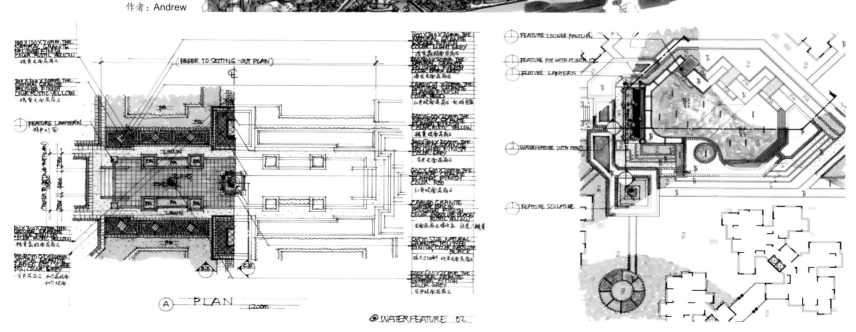

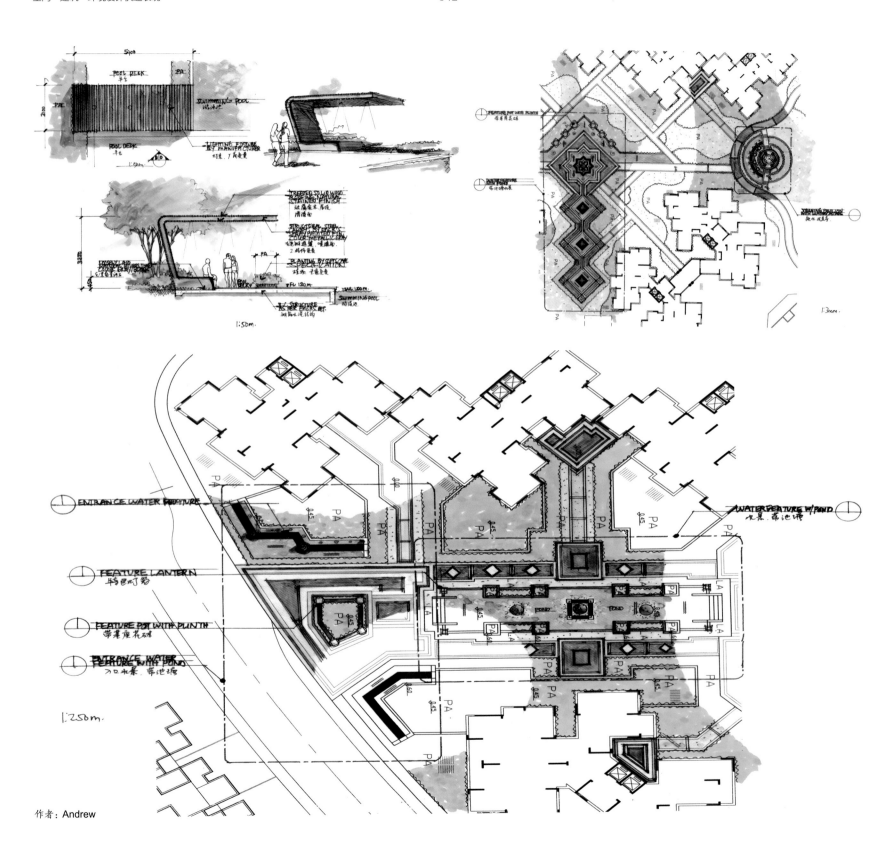

作者：Andrew

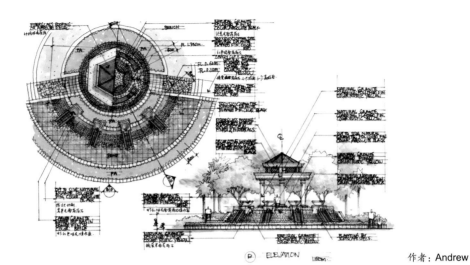

作者：Andrew

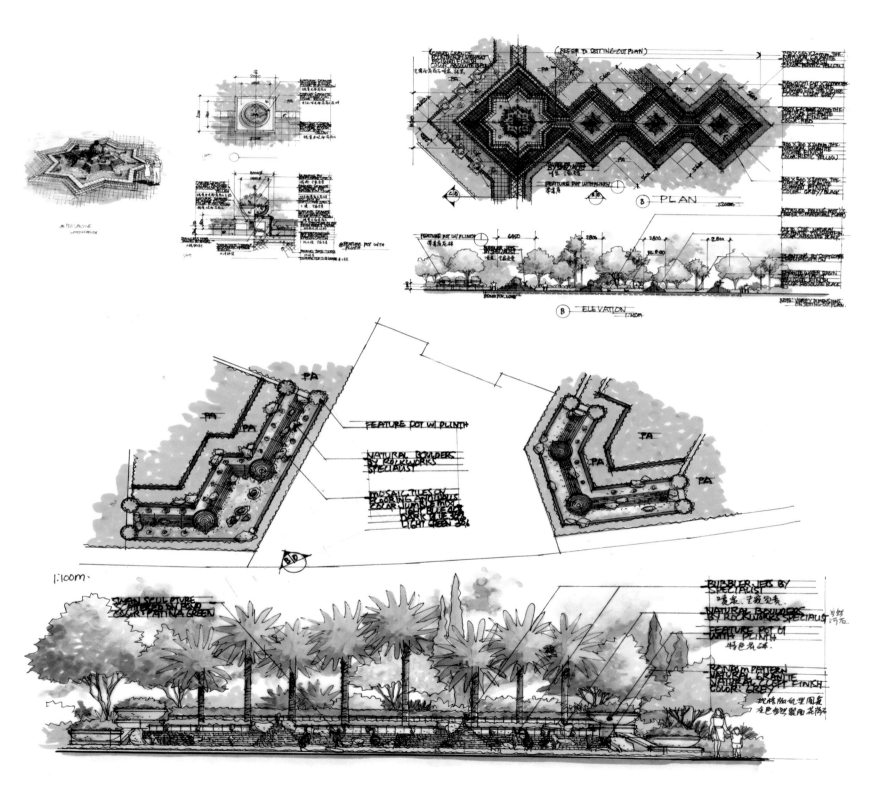

作者：Andrew

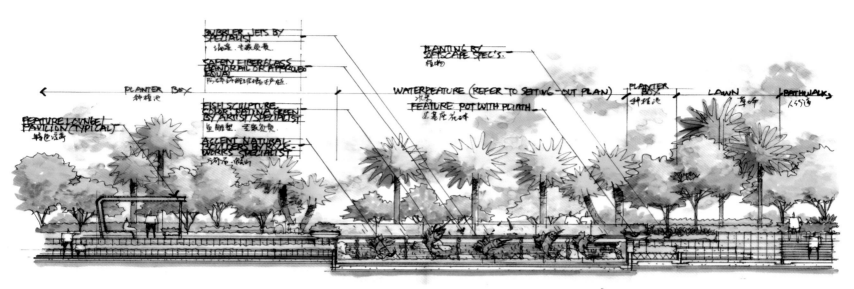

SECTION (ALONG SWIMMING POOL)
1:100m.

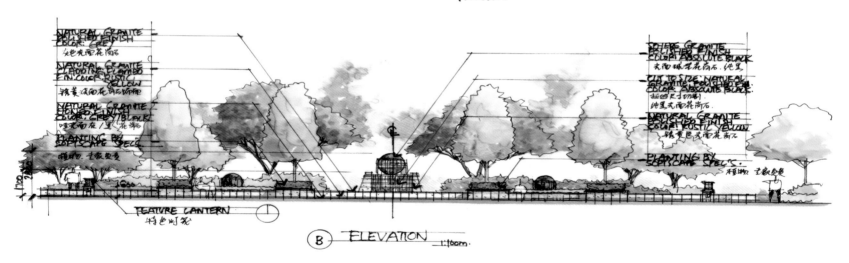

ELEVATION 1:100m.

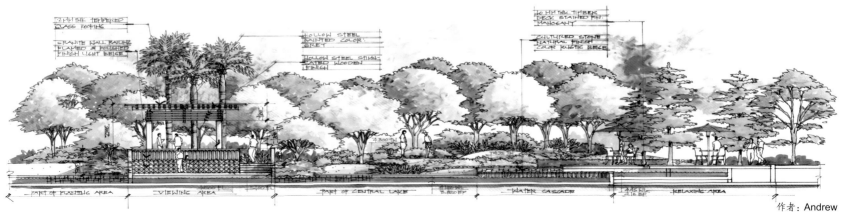

作者：Andrew

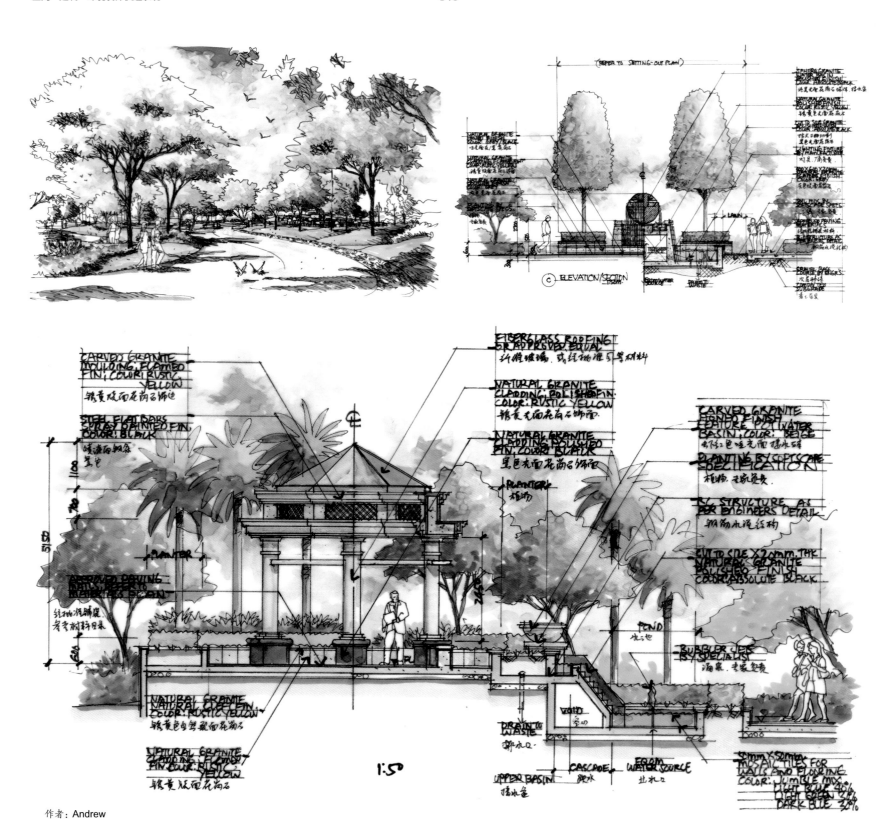

1:50

作者：Andrew

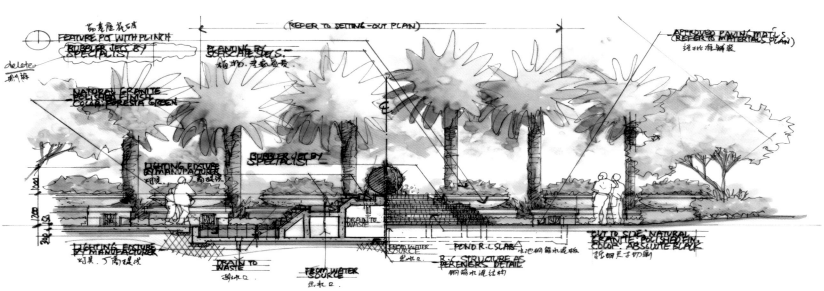

作者：Andrew

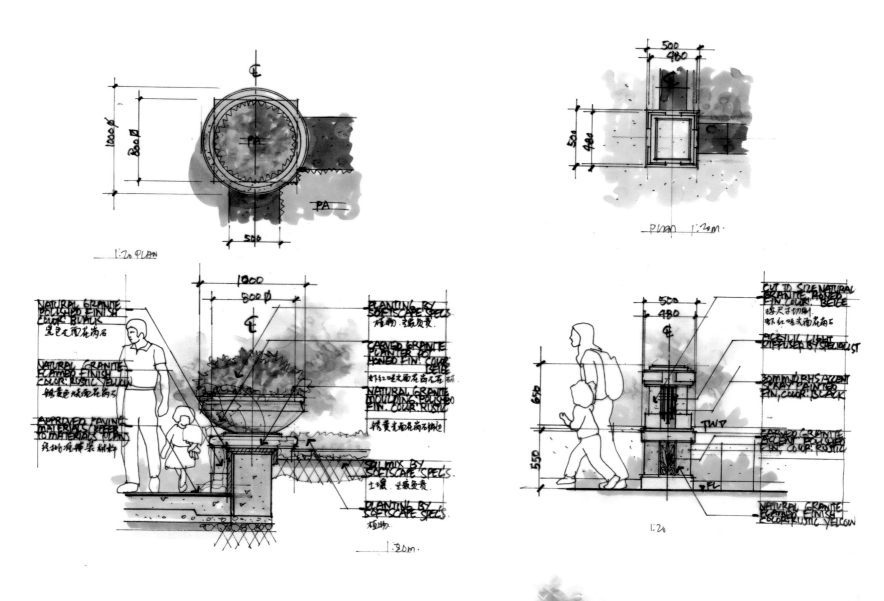

作者：Andrew

作者：李明同

作者：梁天宇

作者：么冰儒

11

手绘表现的风格

11.1　手绘电脑表现

11.2　手绘表现风格赏析

11.3　手绘数码版画

11.1　手绘电脑表现

■ 随着人们艺术品位的提高，效果图表现手法的发展越来越趋向于多样化和风格化。

■ 在徒手手绘表现的基础上，利用计算机进行图像处理，可以呈现出具有更多艺术效果的表现图。

■ 当今世界已进入数码时代，人的能力因机器的帮助而获得巨大的扩展，许多预想成为虚拟的真实。人在这样的空间中行走和体会已变成一件平常事。设计已不仅依赖于匠心，取而代之的是等待——对机器的等待和对机器速度的信赖与期盼。

作者：李小霖

作者：么冰儒

■ 如果说艺术家是通过天马行空般地自我表现来完成他的伟大作品，那么室内设计师绝不能照此办理。手绘表现远不止我们概念中的"一类"而是若干。

各类手绘表现因目的不同而呈现不同的图式和不同的所指。然而，各类的表现图面都须围绕一个"核心"而结成牢不可破的系统，这个核心即"设计"。

作者：么冰儒

作者：袁铭兰

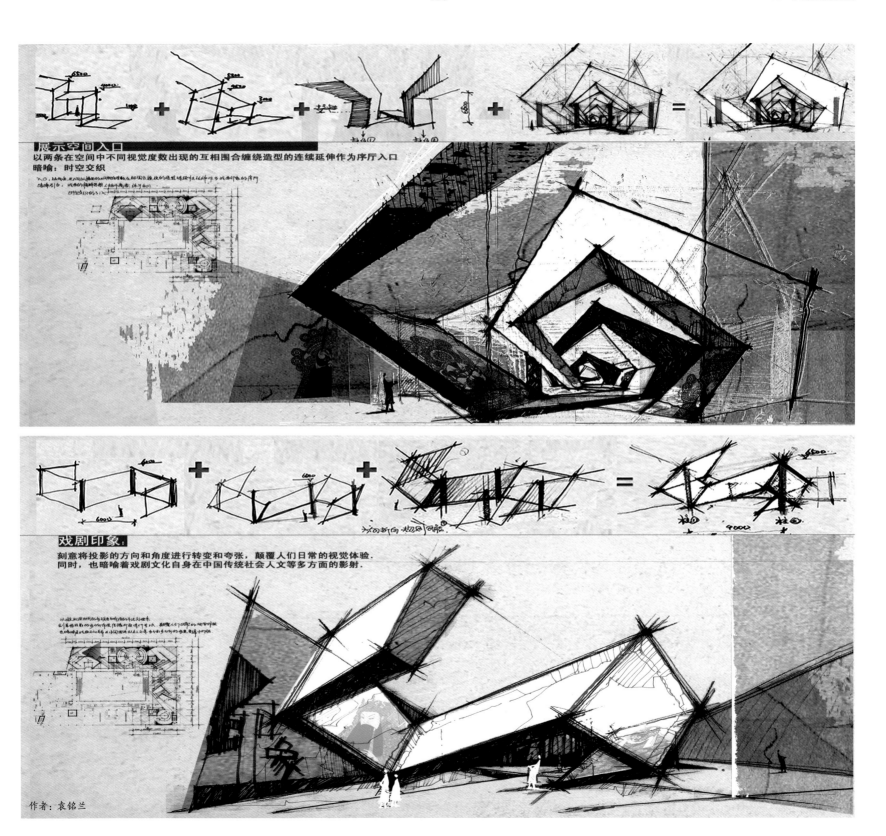

展示空间入口

以两条在空间中不同视觉度数出现的互相围合缠绕造型的连续延伸作为序厅入口

暗喻：时空交织

戏剧印象：

刻意将投影的方向和角度进行转变和夸张，颠覆人们日常的视觉体验.
同时，也暗喻着戏剧文化自身在中国传统社会人文等多方面的影射.

作者：袁铭兰

作者：袁铭兰

过渡空间的快速变化，这样的变化有趣而又不会让参观者长时间停留

11.2　手绘表现风格赏析

作者：马克辛

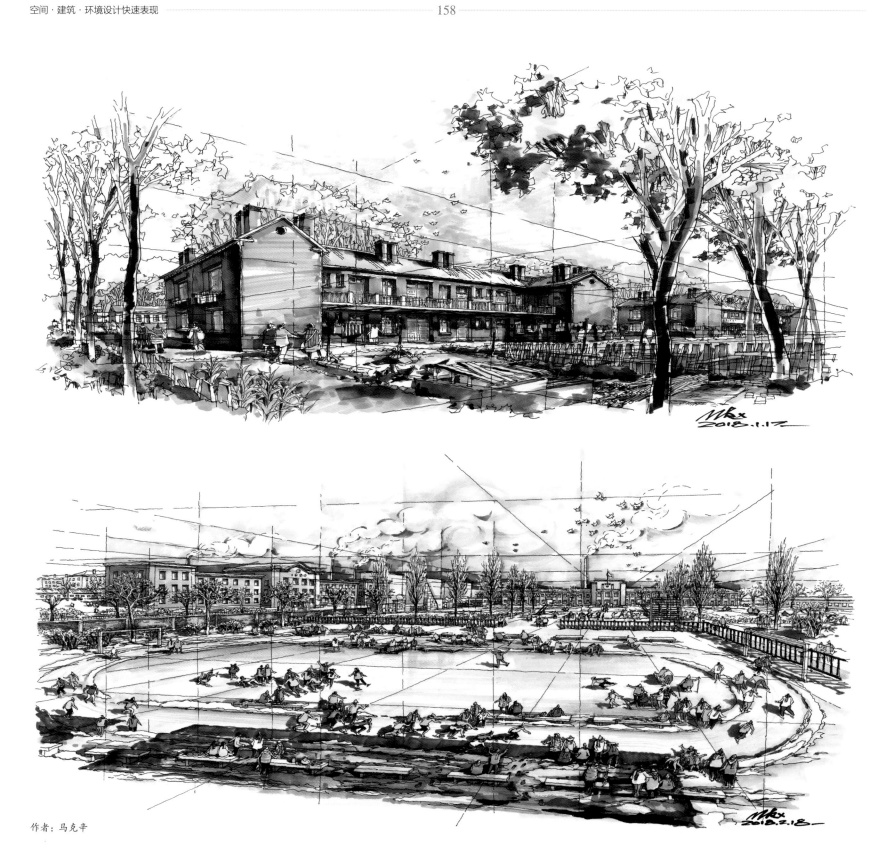

作者：马克辛

作者：马克辛

■ 艺术风格是设计师通过长期文化积累、艺术修养的不断提高而产生的设计灵感的体现。风格化手绘表现作品不仅具有独特的艺术感染力，还能体现设计师的新构思、新创意。

■ 风格的出现，是设计师对于客观物象拥有真情实感的流露和想象力的表现，强调的是"感觉"和"神韵"，通过具有独特风格的艺术形式，表现艺术家个人的情感以及对于空间艺术效果的理解，以此反映出的是一个艺术家对自然审美倾向的追求。在艺术表现上，风格化手绘表现作品已经超越了纯粹手绘效果图的定义，而达到了具有独立审美意义的绘画美学高度。

作者：马克辛

作者：马克辛

作者：伍华君

作者：赵睿

作者：赵睿

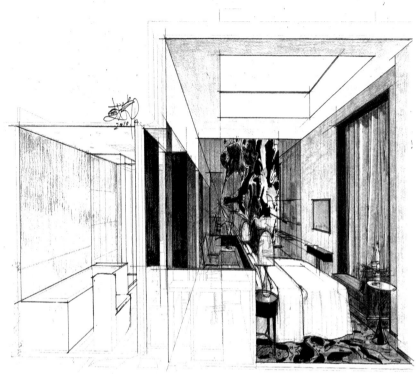

作者：赵睿

■ 利用彩铅绘制出细腻如素描般的手绘效果图。

作者：赵睿

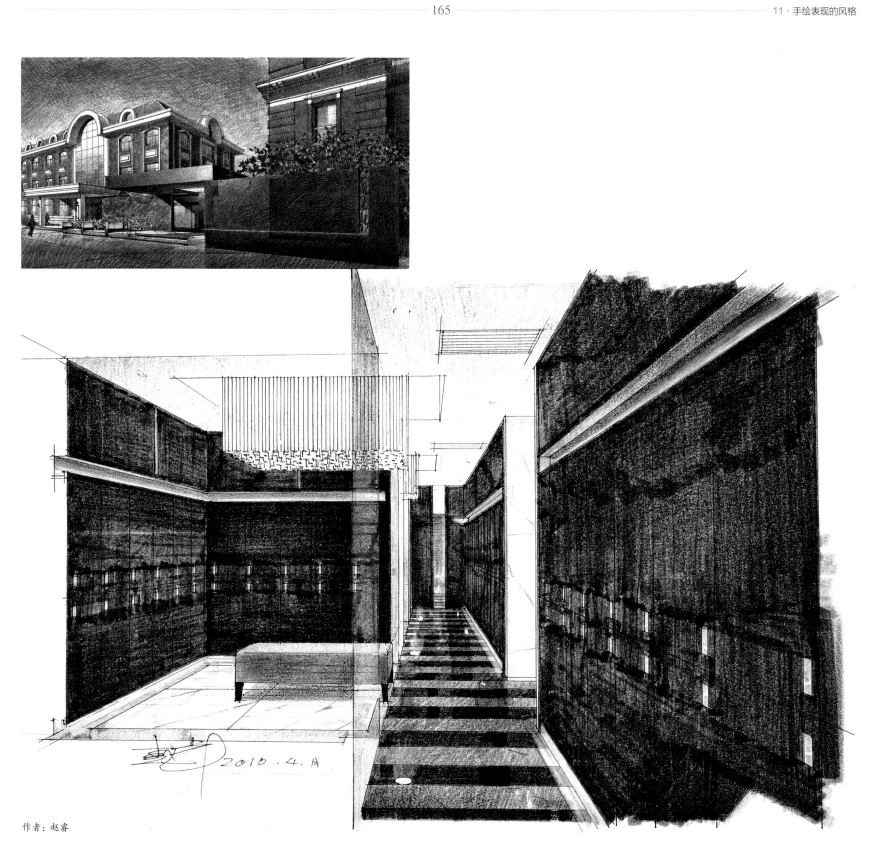

作者：赵睿

作者：赵睿

作者：陈远

作者：陈远

作者：李小霖

作者：李小霖

作者：李小霖

作者：李小霖

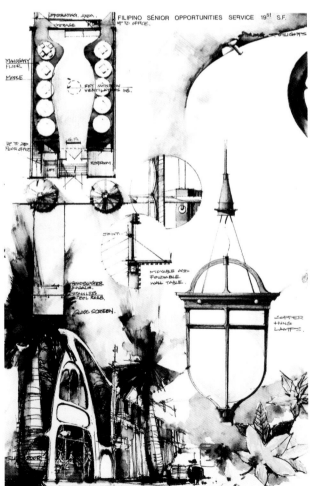

FILIPINO SENIOR OPPORTUNITIES SERVICE 19st S.F.

2000. HALE LEE,N AAC S.I

This Villar is located at the edge of BaiYun Mountain. It has green environment as its background. The marigold construction can evoke the contrast & vitality in this quiet & balance environment.

■ 色彩的强弱，造型的长短，配景的疏密，植被的高低，线条的刚与柔、曲与直，面的方圆，尺寸的大小，交接上的错落与否等组合形式的表现，完美体现了园林景观表现形式的节奏感和韵律感。

作者：李小霖

作者：蔡靓

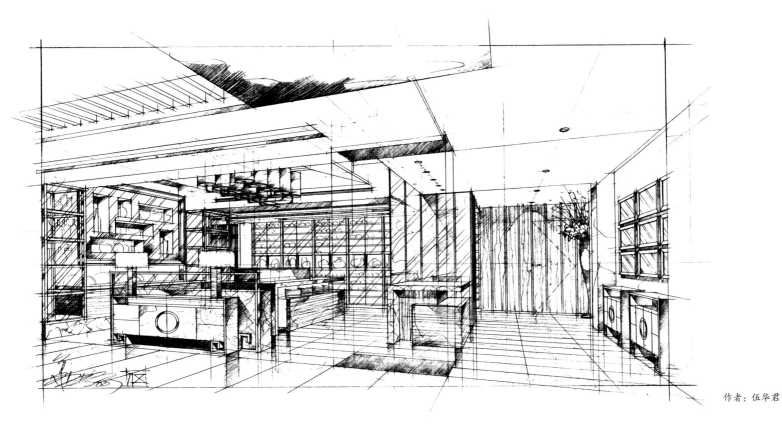

作者：伍华君

作者：伍华君

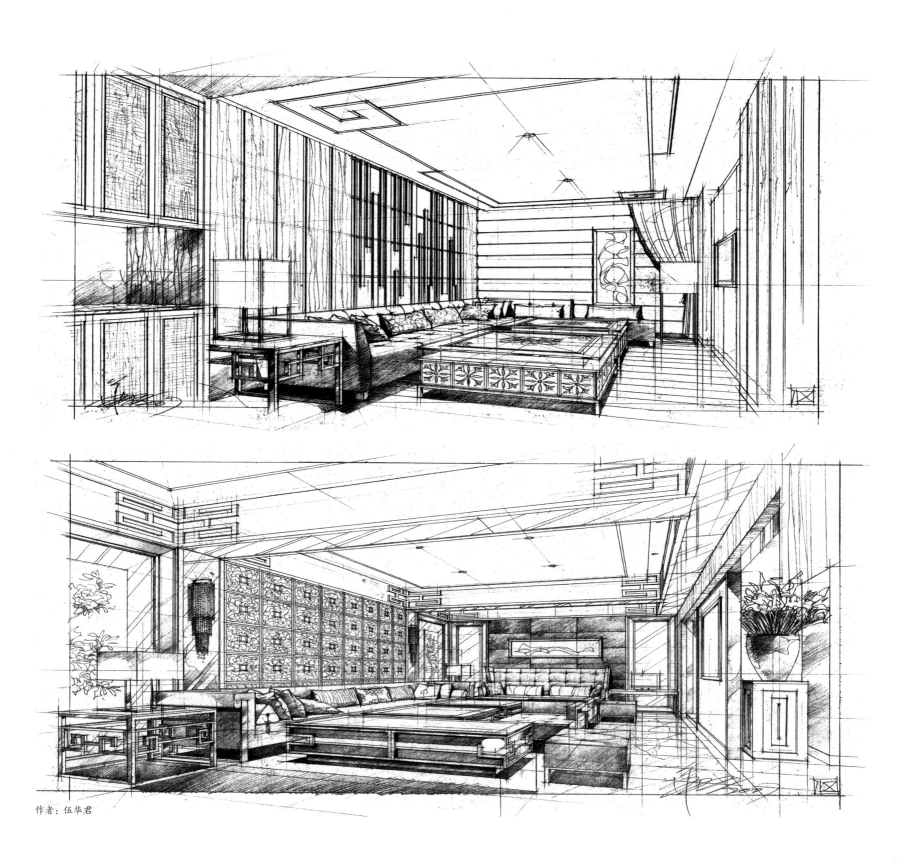

作者：伍华君

作者：伍华君

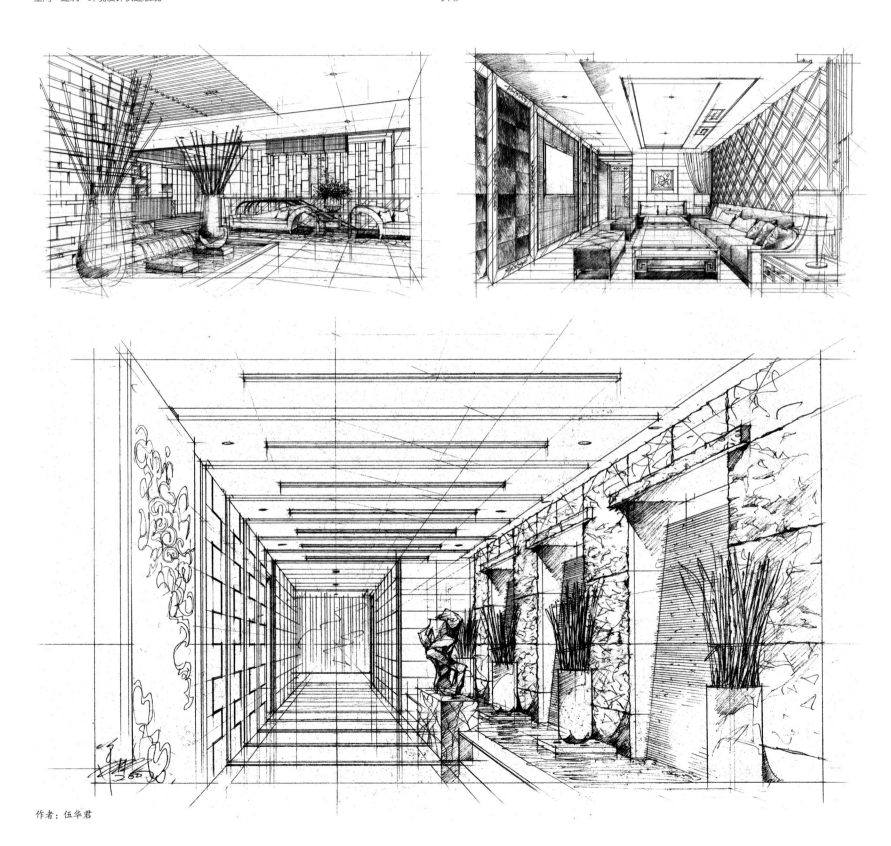

作者：伍华君

作者：彭裕盛

11.3　手绘数码版画

作者：么冰儒

■ 手绘数码版画，是在手绘效果图表现的基础上，运用数码版画技法进行艺术
创作的新型手绘效果图表现形式。利用数码版画表现室内手绘效果，能够塑
造出具有强烈视觉冲击力的版画风格手绘效果图。

作者：么冰儒

■ 手绘数码版画具有丰富的表现形式，能够大量地融汇版画各种类型的表现技法和表现能力。其图像处理技术，打破了画种之间的局限，让各种绘画语言和技法得以轻松成为艺术创作者的工具和素材，帮助创作者将天马行空的艺术构思更准确地传达到手绘作品中，使其具有多视角、多样化的视觉冲击力。

作者：么冰儒

作者：么冰儒

作者：么冰儒

■ 手绘数码版画技法在对建筑空间、形态结构、物像肌理、光影色调等的表现
　上具有独特的艺术形式和艺术风格。

作者：么冰儒

作者：么冰儒

心理篇

幸福教育理念如何在环境艺术设计教学中落实

■ 环境艺术设计专业是一个建立在一定生产技术基础之上的综合性应用类学科，具有一定的特殊性。而对于高校中的大学生而言，他们已经是拥有独立思维和信念的成年人，在学习和生活中，都希望能够实现自己的价值感，基于这样的心理，我们研究教学的时候，应将"相互尊重和重在沟通与合作"的幸福教育理念贯穿于教学之中。只有在和善而坚定的氛围中，才能培养出自律、有责任感、能参与合作以及拥有独立解决问题能力的优秀设计师，才能让他们在取得良好学习成绩的同时，学会让他们受益终生的社会技能和生活技能。因此，我们将从心理学和专业性两个层面，针对环境艺术设计专业教学现阶段问题与特征、教学方式如何变革等方面展开探讨。

幸福教育的概念与师生关系的良好建设

幸福教育的概念

■ 所谓幸福教育，就是以人的幸福情感为目的的教育，既要关注学生的未来幸福感，又要关心师生的当下幸福感，主要教学目标是通过"相互尊重和重在沟通与合作"的幸福教育理念，培养学生积极学习、生活的态度和能力。

■ 幸福教育是一种教育理念，也是一种教育理想，需要配合教学实践。

师生关系的良好建设

■ 老师和学生，是幸福教育的主要载体，只有师生之间建立起良好的关系，幸福教育才能得以实现。

■ 老师在学习生活中，扮演了重要的角色。学生与老师的相处状态，直接影响到学生的学习热情和学习成绩。老师的课堂评价是一种科学和艺术，评价的核心在于激励学生，使之产生学习效应。课堂中一个温和的眼神，一个赞赏的微笑，一个肯定的点头，都会给予学生巨大的精神力量，令学生的思维活跃起来。当前的课堂评价中，有相对比较偏重分数的倾向，忽视了综合素质与可持续发展的评价，忽视了主体多源、多向潜能的发掘；把相对并不科学的评价结果，视为教学成功与否的唯一标准。

■ 老师可以在哪些方面对学生起到好的作用？首先，一个具有丰富教学经验与实践经验的老师，可以给学生传递难得的经验。其次，老师可以为学生提供及时的反馈意见。反馈意见可以加强学生对于自己学习成果的了解，从而令学生反过来调动自己的学习积极性，提高学习效率。心理学上将这种现象称作"反馈效应"。最后，老师可以给予学生合适的鼓励和关注，令学生得到很好的关联感，产生学习的幸福感受。

■ 学生与老师之间最有益的相处模式是：与老师建立平等的关系，老师帮助学生学习，而学生应学会多关注一些老师的感受，学会感恩老师，要多站在老师的角度思考问题。亚瑟说："只有当我们变得富有同理心，能够真正理解他人的感受时，我们的内心才将收获一直寻觅的、融洽的幸福。"当学生与老师都能拥有同理心，能够真正理解他人的感受时，彼此的内心才能收获幸福感，这种能力叫作"共情力"。

12

设计教学创作
的探讨与研究

心理篇

基础篇

应用篇

思考篇

创新篇

环境艺术设计教学与幸福教育的结合

环境艺术设计教学的内容与目标

- 设计教学的内容和目标是：以培养学生创造幸福的崇高理想和美好道德品质为主要内容；强化对于表达沟通方式的认识，加大对学生设计思维的开拓力度，帮助学生梳理思路，学会如何自我推销、如何表达设计理念；学会好的设计理念，再加上技法表达的传授，切实地提高学生的动手能力。

如何在环境艺术设计教学中开展幸福教育

- 一个人的幸福感，来源于三个方面：第一个方面是自主性；第二个方面是胜任力；第三个方面是关联感。自主性是决定幸福的一个特别重要的因素，如果所有事情都能主动去做，我们就可以拥有幸福感。

- 幸福教育是让学生主动参与，专注于解决问题，而不是成为惩罚和奖励的被动接受者。所以，我们在进行学风建设的时候，不能简单地专注于学生的学业学习，而应从建立学业成绩以及自我价值感和归属感两条轨道来实现全面发展。

- 幸福教育需要老师和学生共同经营。老师可以帮助学生找到"自觉"的切入点。心理学上有一个说法叫作"第一印象"，我们平时在遇到一些事情、认识一个人的时候，常常会很快做判断，而这个判断的影响是非常深远的。如果我们在学习开始的时候，碰到钉子，很容易留下学习困难的判断；如果过于困难，我们就会浅尝辄止并放弃。所以学习的时候，应该先把自信心建立好，通过寻找并发挥自己擅长的方面，通过提高自我认知来提升自信心。

- 心理学家赫洛克做过一个著名的关于"反馈效应"的心理实验：分别把被试者分成"激励组"、"受训组"、"忽视组"、"控制组"4个等组，在4个不同诱因的情况下完成任务。最后实验结果显示：成绩最差者为"控制组"，"激励组"和"受训组"的成绩明显优于"忽视组"，而"激励组"的成绩不断上升，学习积极性高于"受训组"，"受训组"的成绩则有一定的波动。这个反馈效应实验表明：及时对学习和活动结果进行评价，能强化学习和活动动机，对学习起到促进作用。适当激励的效果明显优于批评，而批评的效果比不闻不问的效果好。在学习生活中，有反馈比没有反馈的学习效果要好许多，"即时反馈"比"远时反馈"所产生的激励作用更大。

- 那么，如何在环境艺术设计教学中开展幸福教育？

- 第一，老师点评反馈。通过老师对学生的评价反馈，告诉学生，哪里做得好

要保持，哪里有问题、如何解决。第二，测试。通过测试考核，检测学生的学习成果，这也是一个反馈的方式。第三，竞争。竞争本身就可以带来反馈，可以通过组织学习小组，增强竞争意识。例如有的学生今天觉得自己很努力，想出了5个方案，可是其他同学想出了10个方案，一竞争对比，就发现自己的付出可能还不够，鞭策自己还需要更加努力。第四，引导学生多做分享，多做输出，获得更多的反馈。第五，增强行动力，通过提升学生的学习兴趣来加强自主性学习。

- 在具体设计课程的教学上，首先，需制订周详的课程内容计划与课时安排。制订目标和计划最大的原则是：学生的兴趣比成功重要。如果学生在学习过程中反复受挫，慢慢就会缺乏信心。所以，在制订课程内容和课程安排上，一定要控制难度和保证兴趣点。其次，利用生动有趣的教学方式，激发学生对于设计课程的兴趣。通过培养学生举一反三的能力，让学生在寻找知识关联的过程中找到学习的乐趣；在心理方面，老师应该学会欣赏学生的独特性，通过"共情"，尊重学生的个人特点，有效运用鼓励来建立情感上的联结，帮助学生感受到关爱、归属感和自我价值，引领学生成为乐观向上、适应社会、身心健康的人，为学生走出校门，迈向社会就业发展奠定良好的技能和心理基础。

- 通过幸福教育，使老师在工作中感受到育人的幸福感，学生在教学的活动中感受到受教育的幸福感。

教学方式的现状

- 目前的设计类教学中不难发现，高等院校的教育理念并没有从传统普通高等教育的框架内跳出来，仍然沿袭旧的模式与教学体系。学生接受知识的场所基本上都还是在教室，授课模式依旧是老师的口头传授。学生所处的立场相当消极被动，只能吸收过去的知识与经验，停留在理论层面上。这些对学生的实务能力与创造能力有极大的限制作用，他们在毕业之后，难以满足用工企业在实践业务中的需求。

幸福教学理念与环境艺术设计课程教学方式变革方案的探索

教学理念的更新

- 教学方式的变革是优化课程的核心。

- 在教学理念上，要摒弃往陈旧的教育理念，更关注落实"幸福教育"，通

过幸福教育调动学生的积极性和参与性。应杜绝生冷的互动、虚浮的自主，而应是真诚的体验、持久的美好、内外统一的幸福。

课堂模式的创新

- 在教学模式中应打破传统的老师教、学生学的教学模式，突出实际应用内容。应将寓教于乐、创设快乐的教学情境、积极的互动模式落实到环境艺术设计教学中，抛开枯燥的素材内容，与学生的兴趣点融合在一起，侧重培养学生自主学习的意识、习惯、互动性和能力，令课堂变得更加妙趣横生，充满活力，让老师和学生获得积极快乐的体验，更乐于参与其中。

- 对课程设置进行改革，我们可以在环境艺术设计课程内容上增加项目训练，例如在餐饮设计课程中，老师可以设置有空间限制性的命题设计：在老师所提供的平面框架的基础上，学生们进行自主设计，并按实操工作流程制作平面图、效果图、施工图。在进行设计课程的学习中，还应将商业广告、店标等知识点融入项目练习中。

- 课堂模式可以以分组形式，形成互评互助、互相配合的互动式课堂。从课程开始到结束，老师可以将知识点和项目练习操作设置成从初级到中级再到高级三个进度，然后将任务导入教学，同时，老师需要引用案例，把项目操作过程分析一遍，组织学生分组，让学生们以小组配合形式去进行项目任务分析、方案讨论，最后共同合作完成项目练习的任务。每次完成项目训练的作业之后，由学生自我总结在这个过程中的体会，并进行组内互评和老师评价反馈。这样老师可以根据学生掌握的知识点和学习进度，去推进下一个阶段所要进行的任务。

- 互动式教学对改善大学生心理健康和提升团队凝聚力具有积极的作用，也是一种促进手段。通过组内学生互动、学生与老师互动，令学生在这种活跃的学习氛围中，寻找到归属感与价值感，体会到幸福教育模式下带来的幸福感，从而调动学生的积极性和参与性。

- 在课堂上，老师必须关注每一个学生的发展，为每一个学生的发展提供机会，让他们感受到学校和老师对他们的关爱、尊重与保护，即使是批评教育也不失亲近感而能使人心悦诚服。在受教育过程中，老师应向学生多普及一些相关专业的知识，增加学生的知识积累，培养学生对本专业的热爱和对就业方向的认知，令学生切实感受到自己的进步与发展，不断增强自尊、自信、自强的愉悦与激情。

- 幸福教育理念下的课堂教学过程不仅仅是一个知识传授和训练的过程，还应该是一个情感交流过程和生命价值的体现过程。应通过提高课堂的参与性和

有效性，激发学生对设计课程的兴趣，提高学习效率。

- 总结：综上所述，在社会经济不断发展的今天，高等院校环境艺术设计专业的教育也应当不断与时俱进，跟上时代的步伐，契合时代的需要，采用理论联系实际的模式，将"幸福教育"理念落实到环境艺术设计课程中，强化"教育即发展"的理念，强调关注心灵教育与专业技能学习"共同发展"的必要性。应处理好课堂与社会实践接轨的问题，最终培养出同时具备优秀理论基础和实务操作能力，受到用人单位欢迎的专业人才，创造出良好的社会效益和经济效益。

基础篇

如何正确地认识设计教学的基础

基础 · 海拔 · 正负零

- 设计教学的基础是动态的、发展的。"海拔"是基础，它是衡量地球表面一切高度的最重要和最基本的起点；建筑中的"正负零"也是基础，它是衡量某一局部（如建筑等）的基准点。相对而言，前者是一成不变的，后者则具有很大程度上的相对性。对于设计教育来说，它的基础是随时代而动、而改变、而发展的，所以，这个基础总的说来不具"海拔"的意义，而应包含"正负零"的价值。笔者在广州美院教育系和广州美院城市学院的教学实践中，多次涉及公共基础课，从中深深体会到如何正确地认识设计教学的基础，如何使基础的层次和内容随时代而发展，是教学中相当重要的问题。

设计教学基础的变化与发展

基础随媒介的变化而发展

- 我的母亲是多年从事制图学课程教学的老师，在她当学生的那个年代，这门课伊始，教师有责任要求学生学会选择铅笔，例如：HB 的铅笔画细实线，2B 的铅笔画粗实线等。教师同样有必要教会学生如何削铅笔，并告诉学生削铅笔与保证图面效果的关系，例如：2B 的铅笔由于是画粗实线的，为避免由于铅芯太软，画长线时容易发生线的宽度变形，所以必须将铅笔削成扁平的"铲状"等。这些基础内容在当时，由于制图工具是以铅笔为主，所以都是相当重要和必不可少的。然而到了我这一辈，当我作为学生，也需掌握

制图学的基础——使用工具时，过去的不少"重要的基础"因媒介的变化也逐渐失去了重要性——我们主要的工具已变为鸭嘴笔（直线水笔）。配合新的工具，必然出现新的"基础内容"：即使老师没有教我，但工具的具体性决定了我必须学会"断墨线连接技法"，必须学会将活动簧旋转45°，以擦拭内积的陈墨，必须学会灵活使用"加长杆"……这些我学生时代的"新基础"还没过上几年，当我成为教师，又要面对学生，讲授第一堂制图课时，它就又成了旧知识和旧基础，面对今日制图的新工具——电脑，先前的基础都因为其基本只具有"训练手的感觉和手驾驭工具的能力"，而显得不具有基础的全部意义。因此，面对这些情况，我在自己的制图学课程教学实践中，不得不重新审视什么是基础。

基础不仅变化着，而且多元化

■ 在我做学生的那个年代，大多数的学生在进入大学前几乎无缘接触到制图学这样的专业基础内容。然而在今日，在我所任教的广州美术学院，由于多种初级教育的发展，以及多种外部条件的促成，学生们再不是过去那样"一张白纸"——有的学生在学习这门课程前就接触和应用着制图学知识，例如有的学生已参加社会设计实践，这样的实践使得他们在做中学，学中做，积累了一定的感性认识和应用的实际经验。对于这类学生，他们需要从制图学课程获取的基础，也许是"规范"和"所以然"；有的学生在入学时就已学过电脑设计，早就能从制图软件中知道制图的规范以及三视图的相互关系等，对于他们来说，制图的顺序和由整体到局部的进行方式等，才是更重要的基础；对绝大多数学生来说，他们利用制图学知识对设计内容作最终表现时，所使用的媒介应该是以电脑为主，为此，他们在进入本课程时所共同需要的基础，在我看来，那就是徒手制图的快速表达……综上所述，从我母亲那个年代关于铅笔的基础，到我学生时代关于鸭嘴笔的基础，至今日我所面临的学生们的多重需要，每一个时代都有着自己的基础，它们之间既不能跨越，更不能一成不变，而且基础的特征不仅是变化着的，同时还越来越多元化。

■ 正如林家阳所说："有一个画家，把一块丝绸画得比真的织物还要真，凭作品的精细程度肯定要画三个月或六个月，但我不知道他的目的是想干什么。如果说这种西方人早在一百年前已达到的技巧，我们的画家在这个时候还用得津津乐道的话，这就觉得可笑了。"①

设计教学基础的范畴

基础应有不同的倾向性

■ "制图学"这门课程的名称，好像天生就属于金属制造和机械加工范畴，若干年来，制图学中的"国标（GB）"其实主要都是机械制图标准。当年我在设计系做学生时就发现，制图学与工业设计系同学们的专业相当对口，而与我自己（环境艺术专业）就有些距离，尽管也努力学习，力求每一线段、每一尺寸、每一字体、每一视图等都达到高标准，但自己的这些努力大多只是使"成绩"提高，自己的专业所需的制图基础，还有很多不在此范围内。例如尺寸与文字标注法，机械制图中的指示线多以"箭头"开始，并通过指示线的连接，将标注的内容（尺寸与文字）标在图形外部；而环艺类专业则不同，其指示线多以"圆点"开始，在平面图中，力求将标注内容（尤其是文字）标在图形中相应处（即内部）。又如：机械制图中的最重要基础之一是尺寸标注法，其核心是确定基准面，而标注方式则主要为"梯形标注"，这些是由机械加工方式决定的；相反，"环艺"所需的制图中，尺寸标注法的核心基础则是"链式标注"……这些，看起来似乎仅是区别和差异，其实是本质上的不同，概念上的不同。具体到我所从事教学的广州美院教育系和广州美院城市学院来说，这两个教学单位对于制图学课程的基础要求，应该是不同的。前者的教学目标是以"环艺"为主，显然制图学的基础要放到（或转移到）以建筑制图为特征的基础上来；而后者由于生源较多样，为适应较广泛的需要，制图学的基础则只能是因人因专业而异，以建筑为特征的图学基础和以机械为特征的图学基础并重。从这个角度来说，基础就更不能只具备前述"海拔"的意义了。

基础是为设计，而不是为测绘

■ 回顾过去的制图教学，好像是不知不觉地走进了某种误区。例如：为了教学方便和理解方便，往往在教学中会出示某一件实物（例如墨水瓶或机械部件等），然后教师不断翻转这件实物，详细向学生说明它们各个面的关系和投影形象，以便帮助学生们头脑中能唤起有关的空间形象。最后，再通过"制图"，来描绘（分解）这件物品的各个视图，从而开始制图的教学……大家都默认了这种做法是制图学的基础办法。可是，我们都未认真想过，这种基础的根本理念是什么，它实际上是对既成物品的分解描绘，而制图学所要表

① 引自《艺术与设计》杂志2002第6期第31页"设计教育随感——思考中国的设计教育"，作者：林家阳。

达的目的基本上不是如此，而是相反——那就是，利用规范的表达手段，表达（设计）同一件物品的各个局部，借用空间的组合与想象力，将这若干局部融合成一个预期的整体。换句话说，制图学最根本的目的不是测绘，而是设计和传递。因此，制图学的基础在此又有了升华——制图过程是设计的细化过程、推敲和成熟过程，其间需要空间想象能力和多因素综合平衡能力。相反，如果制图学课程最后变成了一个把实物纸面化的过程（即再现过程），那就错了。

■ 在我的教学实践中，我在纠正学生们的有关问题，制图过程是一个关于"推敲"的过程——因为它终归是为着"设计"服务的；在确认制图学的基础内容时，如果不注意这一点，制图学的基础就有可能滑到"测绘"基础里面去，而那并不是设计所最需要的。

基础与规范化

■ 不错，规范化的表达是制图学教学中重要的基本功之一，没有规范化的保证，设计意图无法准确传递，设计的若干要点无法证明是否可行。但是正如先前所述，今日制图手段（媒介）的变化（如从铅笔到鸭嘴笔到电脑），除越来越方便这一特征之外，还有一个更重要的特征，那就是使规范化能自然形成的程度提高了，例如：电脑辅助设计的出现，使得尺寸可以自动生成，三维软件更使三视图的生成进度实现联动……因此，规范化的训练将主要是练习者头脑中的规范意识的练习，而非笔头上的规范化。相反，过去用于笔头规范化的课时，倒是应该用于解决更重要的制图基础问题，例如我在实践中强调的如何用最简洁的视图，表达清楚复杂的关系；如何将大量的尺寸，集中标注在尽可能少的几个视图上。

设计教学基础的近期展望

■ 结合自己的制图教学实践，我还认为，在电脑辅助设计普及的今日，院校的制图教学今后将分解成两大环节，它们分别是徒手画练习（不用绘图工具）和电脑制图软件练习这两个方面，结合到广州美院教育系和城市学院的教学，如果今后实现了这"两大环节"，我认为还是应明确这两大环节的最重要的基础教学法内容。其中：

■ 徒手画练习的基础是"手与脑的联动"；

■ 电脑制图软件练习的基础是"驾驭技术"。

■ 当然，它们只能是可预见的一段时期，而有关制图学的基础，是不可能一成不变的。

■ 因为，设计的基础教学应该是动态的和发展的。造型基础技能是通向专业设计技能的必经桥梁。造型基础技能以训练设计师的形态 – 空间认识能力与表现能力为核心，为培养设计师的设计意识、设计思维乃至设计表达与设计创造能力奠定基础。造型基础技能包括手工造型（含设计素描、色彩、速写、构成、制图和材料成型等）、摄影摄像造型和电脑造型。手工造型是基础，但有一部分已属"夕阳"型技能，逐渐被新兴技术淘汰，电脑造型既是基础，又是发展的趋势，属"朝阳"型技能，客观上已成为设计师必须掌握的最重要的基础造型技术，有着无限广阔的应用与发展前景。[①]

应用篇

案例教学在设计教学中的应用

■ "科技的发展在为设计提供新的工具、技法、材料的同时，带来了学科的综合、交叉以及各种科学方法论的发展，同时也引起了设计思维的变革，从而引发了新的设计观念与设计方法学的研究。现代设计以讲求多元化、动态化、优化及计算机化为特点，故必须依靠现代科学方法论，解决愈来愈复杂的设计课题。现代科学的发展趋势是综合整体化，各种科学理论互相联系、渗透，逐步推广、运用到其他学科，因此设计无论从实践上、理论上还是教育体系上都大受裨益。"[②]

案例教学的概念

■ 设计教学尤其是应用设计教学，应以案例教学为主。因为每一个成功案例无论其规模大小，均包含了设计的完整过程。而且，设计教育与设计一样，不可能完全相同和一成不变。

■ 案例教学，虽然算不上是老生常谈，但也不是什么新鲜的话题了。现在重提此话，是因为个案教学法目前仍未受到应有的重视。长期以来设计教学常用

---

① 引自尹定邦主编的（设计学概论）第 194 页，湖南科学技术出版社，1999 年 8 月第 1 版。
② 引自尹定邦主编的《设计学概论》第 56 页，湖南科学技术出版社，1999 年 8 月第 1 版。

之法——先是讲规律，讲要素，讲设计方法、程序等，总之是先讲一通大道理，而后由学生自己去套具体的东西，把共性的外衣生硬地穿在特殊性的个体身上。这种从理论到实践的顺序，不仅违反认识规律，同时，没有感性认识作基础的理性认识，也绝不可能清晰、深刻、牢固。不仅如此，共性的认识也解决不了特殊性的问题。因此，只有共性的认识是不完整的认识。就设计而言，只有在具体的特殊性中才蕴涵着创新，而只有共性的认识，则不免千篇一律、永远似曾相识。在设计的领域里，是不允许存在"克隆"的，我绝不是贬共性重特殊性之意，要说的是要共性更要强调特殊性。共性好讲，就那么几条几十条，特殊性可是无边无际，于是难免有人要问：无边无际怎么讲呢？甚至连讲者自身所知也不是无边无际的呀。我说，这个问题的本身是不对的，我们讲的是方法论，个案教学的方法在于使学生学会全面了解每个具体设计的全部内容问题——既有共性的更有特殊性的。唯此，才有可能使设计没有疏漏。有人说，设计就是在限定当中求共存，这个观点十分精辟。

关于各种应用需求

应用设计产生于社会需求

■ "在我内心深处觉得，高等教育的方向，应根据市场的需要，为市场培养人才，否则就会落后于社会的发展，特别是一旦进入 WTO 以后，我们更要有创新的观念，如果没有这种观念，我们只能沿袭人家的设计，不断地抄袭。"[1] 在广州美院城市学院的教学实践中，我对于案例教学以及以案例教学为中心，导入应用设计有一定的心得。这里，我想以自己执教的"展示设计"教学为例，来表达应用教学。

■ 以我看来，"展示设计"这一课题（或教学内容）本身，就是设计教学在发展过程中针对实际需要而派生出来的一个案例，是应用教学的需要，是应用设计发展的必然。

■ 在过去，尽管英文中"DISPLAY"这个词基本已说清展示所包含的广泛设计门类，但在我国，"展示"曾只是"展览"，而展览则等于狭义的文化展，例如事迹展、作品展等。充其量，它的含义还包括了博物展——展览历史文物、古董等，在过去的若干年，从事设计和从事展览的人，谁都默认上述概念，谁也没有认真去审视一下 DISPLAY 到底为何，更没有谁想过，它与商业、与促销等有何关系。

■ 当然，如果社会对设计应用的要求仅限于此，那么展示也就可以停留于展览的范围内。

■ 然而，经济的改革和国门的开放，使社会增添和扩大了对展览的需求；社会的需求迫使从事设计的人们根据需要而开辟了 DISPLAY 所具有的更广泛意义的展示。大家都会注意到，近年来，无论人们是否懂得英文，都至少从字面上认同了那个被音译过来的中国汉字"秀"的基本含义，可以这么说，对这个"秀"字的认同，可谓全民对"展示"的一次最具应用意义的大普及。

■ 没有对"秀"的需求，就不大可能有对"展览"的认识的提高；而没有这些需求，在中国的设计教育辞典上，也就很难出现"展示设计"课程，而由于有了这门课程，"展示"一下子从狭隘的文化艺术展览的层面扩展到浩瀚的经济活动的海洋中，正如展示设计也因为有了对经济的全面介入，而更显示出如尹定邦教授所言的艺术特征、科技特征以及经济特征等。

■ 应用设计多以案例设计的形式表现，展示设计作为设计的一个门类，它并非是人们坐在办公桌前凭空"规划"出来的，而是因为有这种需求，需求亦可视为"案例"，因此，在设计应用中出现展示的需求，才有了对展示设计案例的关注和再整理，才有了展示的分类教学，进而才有了展示的课程。可见，展示设计课程的出现本身就包含了很具体的应用性。

应用与个案需求

■ 就"设计"这个大门类（大学科）而言，展示设计其实可以看作是它的一个"案例"，一个"个案"——因它区别于环艺、景观、广告、产品、服装等，它只是一个具有前述"秀"的性质的"个体"内容。正因为它是"个体"的，因此诸多展示内容肯定就各不相同。关于这一点是显而易见的——展示都有限定性，例如：时间限制、主题限制、展示空间限制、展示媒体限制。当然，更重要的限制则是由展示物决定的。展示的受众是人，而人的尺度是先决条件，不可改变，这一点限定至关重要并容易理解。例如手表、戒指的展示，大都会在"扩大展示品"上做展示设计的文章，因观众与它的比例过于悬殊；相反，对于房地产、小区建设做展示的话，大概都会在"缩小展示"上动脑筋，因为等大的尺度将让观者难以把握。前述的戒指、手表也好，房地产、小区建设也好，将它们放在同样规格（大小）的纸面上，即使标注了比例，也难以准确地向观者展示，观者无法通过相同规格的画面，对展示物加以确认。展示必须真实，展示在相当程度上是为经济建设、为物质文明服务

---

[1] 引自《艺术与设计》杂志 2002 年第 6 期第 32 页"设计教育随感——思考中国的设计教育"，作者：林家阳。

的，从这一点上，足见它与绘画和其他视觉艺术的不同。然而，展示本身又在利用多种艺术形式，例如人们熟悉的装潢、广告、视觉传达、立体艺术造型、高科技（声、光、电）等，可人们熟悉的这一切，又如何分门别类地组合于特定内容的展示设计之中呢？这就是展示设计的一个焦点问题，确切地说，展示手段，是对设计各门类的综合利用，如何利用而不雷同，这就是由展示的个体性所决定的，个体的区别充分反映着展示设计的强烈应用性。

应用设计、应用型教学实践与思辨

应用型设计与应用型教学尝试

▪ 在广州美院城市学院的"展示设计"课程教学中，我对这类应用型设计的案例做过一点尝试。

▪ 这门课程的课时很少，学生的学习背景参差不齐，他们对每门课的要求都不是简单地了解与认识，而是希望获得实际处理问题、掌握设计、控制全局的本领。因此，一般教学意义上的循序渐进不适用于这样的班级，空谈的启发式教学也解决不了问题。"设计是一门更多地包含了科学与技术成分的艺术。设计最终是通过技术手段来实现，来批量生产的，它有准则和规范。"① 展示设计的本质与"产品设计"不同，它均为单一项目，不具批量性和标准化。因此，在实际教学中，我将特定的个案视为一个整体，将这个整体中的大小问题和盘托出，综合处理。

▪ 我以"现代个人通信器材展示"为题，开始展示课的教学。

▪ 在执教该课的几年前，我参与过"广东邮电信息时空展示厅"的展示设计，对于该项目的前前后后均比较熟悉。教学开始时，我即带学生到现场参观。在参观过程中，详尽地向学生们介绍当年这个项目设计的过程。当然，主要介绍的是实际设计中解决问题、处理问题、满足甲方需要的有关情况。这看似普普通通的参观，其实将这整个"个案"完整地端到了学生们面前，由他们站在应用的立场上进行学习和消化。

▪ 我继而要求学生们默写在现场参观的具体内容，例如：电视屏幕是怎么摆的？小尺度的电话机是如何符合站立着的参观者的触摸需求的？电视屏幕是如何掩藏机身的？文字展示是如何配合实物展示的？高重心的展示构架是如何不经特殊固定而安稳地置放着的等等。学生们通过对这些问题的回答，加

深了对展示设计中处理实际问题办法的了解，印象深刻。在回答（通过形象默写与文字说明）上述问题以后，我进而要求同学们作进一步的练习，例如：当同学们通过对参观现场相关部分的回忆，回答了"电话机是怎么摆的"等问题后，我又要求他们做下述作业，例如"你还能将电话机摆出其他方式吗？"等，这样，同学们的设计是基于对应用例子的切身认识，而非凭空想象，因此基础牢固，处理问题实际而有创新的可能。

▪ 除了直接与被展示物（例如前述的电话机、电视机等）相关的设计问题外，同样，参观结束后，我还向同学们提出关于展示空间的问题，例如：某处空间的宏大效果产生的因素是什么？某处空间的特别处理表现在哪里？某处是如何以少胜多的？某处是如何无中生有的？等等。同样，同学们通过回忆归纳问题，并用图形加以还原，还配以文字说明等，与前面一样，我又会以"如果是你，还有其他方法吗？"为题，使同学们在此基础上又有扎实稳当的发展……

▪ "现在追求一些形式上的细节，是在追求美学上的细节，而没有追求创意上的不同！这是违背了设计原则和设计功能的。而这样的弊端，恰恰就根基在我们以往的设计教育中。"②

▪ 以上的教学方式，没有纯而又纯的唯美设计，没有不中用的所谓艺术，它们都是在解决问题，都是在寻求多种解决问题的办法。同时，结合着继续教育分院学生的特性和教学时数之限制，这样做能短期见效。在整个学习过程中，学生们脑子里一直保持着原参观场地的整体形象，在其后的发展设计作业中，这种整体性反映得也不错，在此，"整体"即是"个案"，而前述向学生们提的问题又都是关于应用的，这种有针对性的教学，也就反映了"应用"。

应用性设计的思辨

▪ 如前所述，展示设计与产品设计不同，每一内容的展示设计都是个体的，从此意义上说，它有点像室内设计。这些特性，决定了展示设计及展示设计教育不可能有相同的和一成不变的做法。

▪ 然而，相同与不同又是辩证的。以室内设计而言，相同的元素（例如椅子、沙发、花盆、地毯等）摆放在不同空间（室内）里，它们就有不同的面貌。展示设计也是如此，正是为了使展示手段有较大的可变性和应用性，因此，

① 引自《艺术与设计》杂志 2002 第 6 期 33 页"设计教育随感——思考中国的设计教育"，作者：林家阳。
② 引自《艺术与设计》杂志 2002 第 6 期 32 页"设计教育随感——思考中国的设计教育"，作者：林家阳。

在展示设计教学中，又应将标准化、模数化的设计方法提取出来，作为另一个个案，加以整理，并带入教学之中。同样以先前的"广东邮电信息时空展示厅"的设计以及继续教育分院同学参观后所做的后续设计为例："包裹电脑主机而形成的新外形尽管各异，但内在的结构在设计上是一致的。例如，都做成上下两个部分，以区分显示屏和主机的不同空间；两个部分的箱体与面板的连接均采用四粒装饰性螺钉连接，以便于检修与拆换；这上下两部分，必然有一个部分的色彩及用料是与所有电脑包裹造型统一的，而另一部分则相对自由变化……"对这些相同的部分，做相同的处理，使用相同（或相似）的材料，使之模数化或标准化。

■ 在后续的展示设计主题——冰箱专营店货架设计专题中，同学们对于模数化与标准化设计在展示中的应用有了进一步的认识，他们从自己的生活经验中体会到，对于这类专营店展示设计来说，看起来似乎标准化的做法会失之单调，然而由于各处专营店的展示空间（店铺、场地）是不相同的，加上标准化的设计是单元设计、个体设计而非整体设计，它们就像家具一样，能随摆放方式的不同而发生变化，因此它就不仅不单调，相反由于反映了"专营"的性质和专营品牌形象的一致性，而显现出设计的细致和完善。何况，随着店铺空间的各异，这些标准的单元展示装置，有的为线状排列，有的为岛状排列，有的为点式，有的为转角式，从而变化万千，在整齐中显现出个性。

■ 广州美院城市学院的展示设计课程实践，体现出应用设计教学应以案例教学为主的重要性。如果能在应用设计教学的各门类课程中，都选取合适的案例，通过对案例产生过程的分析模拟、追踪和发展等来推进教学，则师生们是会大有收获的，我自身的实践也说明了这一点。

■ 科学技术是一种资源，但是，人类要享受这种巨大的资源，还需要某种载体，这种载体就是设计。新的科学技术、现代化的管理、巨额的资本投入，都需要经过这一媒介才能转化为社会财富。设计不仅是科学技术得到物化的载体，而且是科学技术商品化的载体。因为物质形态的科学技术也只有在被社会接纳、被社会消费的情况下，才能转化成巨大的社会财富。科学技术是通过设计向社会广大消费者进行自我表达的，设计使新技术的"可能"转变为现实。科技资源需要设计加以综合地利用，变成优质的新商品，被市场大量地吸收，才完成科技的社会财富化，发挥科学技术的作用。[①]

思考篇

关于设计教学的思考

■ "就设计的功能性而言，设计学要对相关的数学、物理学、材料学、机械学、工程学、电子学、经济学进行理论研究；就设计的审美性而言，设计学要对相关的色彩学、构成学、心理学、美学、民俗学、传播学、伦理学等进行研究。由于旧有学科规范的桎梏，大多数设计学研究者都还无法横跨自然科学与社会科学之间的沟壑，对设计学进行立体的研究。绝大多数的情形仍然是科技史的研究成果需要等待设计史研究者给予青睐才得以成为设计史研究材料，众多的心理学成果仍然无法进入设计理论研究者的视野。这种情形只有等到我们不再为设计学究竟应该划为文科或理科而争论的时候，只有等到我们意识到设计学本身横跨文、理两科的时候，才会得到根本的改变。"[②]

■ 有关设计教学的思考，应是基于对设计的理性范畴和感性范畴的较完整的把握，基于对它们两者间的交融关系的通盘兼顾。在教学中，当我们教给学生一门门单一的"硬知识"的同时，也要帮助他们建立起这些知识间的软性联系，或者使学生树立这种联系的自觉性。

关于家居设计和餐饮环境设计教学的思考

传统设计教学

■ 小时我曾用心练过字，应该说还算有所心得（至今不少人从我的字迹中难以辨认出是出自女性之手），其中，字的"间架结构"使我受益很深。今日，我无论是从事设计学习、实践还是教学，都觉得"间架"在帮助我作一些有益的思考，甚至在帮助我有效地解释很多设计现象。

■ 面对广州美院城市学院交给我的"家居设计"和"餐饮设计"课，我常常在思考，这些课程该怎么上……

■ 我简要地对这些课的教学作过以下的回顾：在我读大学的那个年代，中国尤其是我们所处的广东地区，随着经济的发展，家居和饮食的条件、需求较以前发生着很大的变化。在那个时代，这种变化最大的特征反映为空间各方面的形式处理上——无论是当时的老师还是我们的师兄辈同学们，都全神贯注地捕捉着有关形式的各种元素，例如：柱，是圆的还是方的，是多边形还是异

---

① 引自尹定邦主编的《设计学概论》第56页，湖南科学技术出版社，1999年8月第1版。
② 引自尹定邦主编的《设计学概论》第2页，湖南科学技术出版社，1999年8月第1版。

形；墙基应是哪一类的形式，墙身又该如何；顶棚更是让人费尽心机，一心求变化。所有这一切，看起来是设计师们对材料的选择与处理，对空间的改变和造型，而实际上反映的是当时人们（包括设计者和使用者）的一种价值观，这种价值观反映着人们求变化，求家居和饮食环境的特殊性的心境。当然这一切，还伴随着对初入国门的新材料的向往和好奇，对各种造型形式的新鲜感和选择的不成熟性。回想起来，那时的家居和餐饮设计教学，真有点"给室内穿花衣服"的感觉，当然这件"花衣服"是有根有据的——有时是民族特色、地域文脉，有时是前卫语汇、时尚流派等。包括我在内，那时的学生对形式的关注和理解力似乎较强，客观上反映着教学中艺术性所占的比重较大。

现代设计教学与实际结合

■ 大学毕业后，我在校办公司有着一段不短的设计实践过程，这时，时代也发生着变化，例如，同为家居和餐饮空间，过去被装修"包"了的那些项目，如家具的设计与制作，窗帘的设计与制作，顶棚的设计与制作等，都随着社会的发展和市场的细化，分别被家具、纺织品等深加工企业分化，带来了专业化和精品化。回想起来，装修工在墙上进行木工作业时，木板木方是用钉子和黏胶固定上墙的，而家具厂的制作，则是按产品的方式，用机器来完成这一切，其他亦然。这一来，原先的家居与餐饮的设计中，有相当部分性质发生了改变——由过去的全面装饰向部分装饰改变，由过去的立面装饰向空间的调整转变，由事无巨细的设计，变成多种发展趋势来打造着自己的设计项目。当时我在思考，假如有一天，我从事家居和餐饮方面的设计教学的话，我该教学生们干什么。我想，也许我该分门别类地向学生们教授家居和餐饮空间的功能特性，然后，再将每一功能对应上每一具体化的实物。例如：家居中的客厅，也许是与餐厅合二为一的，那么，在同一空间中就至少有了起居和进餐这两大功能。过去，这两大功能的分区，也许得靠"墙"来解决，靠墙的概念来设计诸如高墙、矮墙、实墙、透明墙、朴素墙和花样墙等艺术形式。而今，也许两大功能的分区可不再用墙的概念。或许，起居区域的一个沙发靠背，就足以起到前面所说的墙的作用。从此意义上出发，那些形成家居的单体（例如家具等），它们具体是用何材料制作，采用何种工艺，结构形式如何，尺度的可移动性，可保洁性等，以至于对安装、运送方便的考虑等才是设计中最为重要的。

■ 同样，在餐饮环境中，结合着经营的需求与变化，家具是否符合人们的习惯，是否有多种选择（例如 10 人台、8 人台、4 人台、2 人台等），空间是否可综合利用（例如椅子能重叠、台子能拆卸，以腾出空间进行其他活动等），都是设计者需要重点考虑的。同样是家具，对它的造型，要考虑的主要不再是有关元素和形式的问题，也许更重要的是使用功能和制作新技术的利用等问题。说到使用，那不仅是指书桌用于学习，餐桌用于吃饭这样的功能概念，应该更多地包括书桌的抽屉应有多深多高，例如：放笔与尺子的抽屉也许应该尽可能浅，以符合笔的放置状态并便于寻找与拿取；而放书的抽屉就一定要按照书的开本尺寸，同时通过面积的控制以保证装一定数量的书后，仍然可以靠人力方便地开启而不至于过于沉重。过去的餐饮环境设计中，设计者主观和想当然地安排各局部环境，例如固定的柜台、固定的卡座、固定的屏风墙等，而较少照顾和考虑日后经营需求的变化。同样，顶棚上的造型和灯具的配置也太具区域指示性，以至于一旦变化，就非常不协调。

■ 至此，我觉得，在设计公司的这段实践，对我来讲收获很大，它使我开始对设计和设计教学有了比过去较深层次的思考，以及在感性和理性之间的跳跃思考，还有兼顾看得见的硬件设计和看不见的软件设计的思考。而这一切，都作为一部分内容，贯穿于今天广州美院继续教育分院的"家居设计"和"餐饮设计"教学之中。

■ 然而，设计教学就如同设计一样，它没法一成不变地进入设计教育课程的专门化阶段，我越来越觉得现行教学和课程中那样的简单分课方式不科学和不够用。"在耶鲁，教师一般不布置作业，做怎样的课题都由学生自主确定，教师会在作业接近完成时提示教师对这个作业的看法。"[1]

关于设计定位与设计手段、设计手法带来的思考

设计定位与设计手段相辅相成

■ 有时，设计的定位是解决造价问题，可解决的办法则可能是艺术造型的办法。我曾经在餐饮的教学课程中，以一个餐饮环境为实例，向学生们讲述我的这个思考。

■ 这个实例是位于广州天河区的一家新开的四川味餐厅，源远流长的川菜，本身就具传统的"土"的意味，那么，把这个"土"与"传统"的功夫做足，不但能反映特色，而且也正因为"土"，可用大量廉价材料，就能完成设计的定位，把造价降下来。

---

① 引自《艺术与设计》杂志 2002 年第 3 期第 67 页《访美四记》，作者：钱竹、胡小惟。

在这个项目具体的设计中，地面用的是最一般的地砖，由于它尺寸小，制作可粗糙，价格自然便宜，设计者用同一种类的多种色别的这类地砖加以拼砌，以丰富的色彩来弥补质地的缺陷，古拙和天然去雕饰的感觉油然而生，人们似乎也不再计较这由于材料粗糙而造成的拼缝不齐了；其顶棚是用亚光深色漆油过的木格栅做成，它们只是简单地掩盖着顶棚上的空调管道和其他设施，没有多余的灯饰，没有多余的细节，同样的深调亚光漆统一了顶棚；墙面的大部分由喷涂的涂料和玻璃镜面构成，施工简单，粗细分明；柱面与窗柜也采用极便宜的木材和简单的亚光深色漆……由于设计者很好地控制了色彩的节奏和材料的对比，整个餐饮空间的大效果就展现出来了。设计者精心选用了几个"零件"作为各处的点睛之细节，这些零件分别是：粗彩陶小方砖、方形小木雕、竹帘、彩色马赛克等。例如，在大片的玻璃墙面上贴上小木雕造型，在粗糙的喷涂墙壁面上缀以粗彩陶砖，在窗柜上部饰以局部的竹帘等，再加上墙面的协调的水墨画、书法，桌面上菜谱牌、桌布、茶具等，看起来那么漫不经意的布置，却使整个环境"活"了起来、"神"了起来。面对这个环境谁也不会注意到它只花了很少的钱，人们只会觉得这是一个典范般的四川餐厅！

以"洋"衬"土"的设计手法

■ 同样是广州美院城市学院的餐饮空间设计课程教学，我向同学们讲述了这样一个餐饮空间设计的成功实例。

■ 这一餐厅坐落在越秀公园附近，它实际上是一家 24 小时营业的典型的广东式酒楼，既然是粤式酒楼，具有典型性，那么可以想象，其中少不了雕梁画栋、红木家具、海鲜池缸等。确实，无论是在此环境中还是离开此地后留在观者心底的印象，上述的广东酒楼特征好像都面面俱到，一样也不少的。可仔细观察，这家餐厅有更多让你耳目一新而又立即认可的新形象，例如，它的门厅粗一看是纯粹的酒楼门厅，可这个纯粹的"门厅"却整个被玻璃墙和相关的金属连接件包裹起来，令人在欣赏其粤式风格的精美的同时不得不赞叹其高技术的新形象；餐厅内的墙面上保持着粤式酒楼的丰富和多彩，可这么多彩的效果却是大幅的印刷照片所达成的，而且，照片中的内容不是传统的山水字画，而是尺度巨大得令人惊异的独枝花卉，它的视觉震撼力既具有现代的冲击性，同时又相当地亲和与温暖；同样的设计方法，还出现在餐厅内的柜台立面上，当然，这里的形象更具亲和力与生活感觉——因为这些形象都是"家常便菜"——萝卜、青菜、蒜头等。再看它的包房，其所有隔墙完全采用现代办公空间的隔断墙材料——不锈钢和玻璃，然而，玻璃的表面上，镶嵌着精致的潮州小木雕，既简洁舒展，又细腻入微……餐桌上中式的餐牌与西式的桌布相得益彰，传统的家具造型与现代聚光灯式照明相映生辉……这一切，都在诉说着传统与现代的交融，诉说着地域与国际的联系，诉说着时间与空间的对流。

从硬性的设计教学到软性的教学思考

■ 我应该教给学生们什么？我能教给学生们什么？是的，我可将家居或餐饮的各种设计要素拆开来，一件件地告诉他们，例如：色彩、形象、顶棚、柱面等。然而，这分解的一切片断，学生们将以什么样的秩序和理念加以组织，加以构成，加以应用呢？在技术进步的今天，每一局部的设计和制作，都已可进入专门化和细分化，而设计的内容又转移到何处去了呢？我想将我的思考告诉给我的学生，将我不断的思考带入教学，以期学生们也会思考，使他们设计的作品是为现在、未来的社会生活而设计，强调参与性与互动性。所有的设计思想不是让设计师完全控制着整个设计，而是通过接受者与参与者来产生变化多样，不能完全预料的视觉效果……①

■ 从前面的例子中，我希望我的学生们意识到，环境设计已开始从以使用功能为主导的硬性设计，逐渐转移到以包含人们多种功能需求和兼顾设计多重定位的软性设计中去，学生们需要这样思考，我需要这样思考，我们的教学体系也应该有相关的思考，设计教育由初级走向成熟，更需要这样的思考。

■ 21 世纪的今天，我们对设计的看法已经趋于相同：设计的终极目的就是改善人的环境、工具以及人自身。这么一种认同感使我们对设计学的任务有了新的认识。设计的经济性质和意识形态性质，即设计的社会特征，使设计学研究必须从传统的单纯对设计师传统研究和设计宣言的研究中分离出来，给予其研究对象的经济特质、意识形态特质、技术特质和社会特质以应有的重视。正是由于这样一种情形，才出现了令人感兴趣的景象：对当代设计学有着十分重要影响的诸多观念，都不是直接来自设计领域。由此可见，设计学研究是一个开放的系统，除了从自己的种学科——美术学那里继承了一套较完善的体系之外，它还要广泛地从那些相关的学科，如哲学、经济学、社会学、心理学那里获得启发，借用词汇，吸收观点、消化方法。这便是当今设计学研究的现状。②

① 引自《艺术与设计》杂志 2002 年第 3 期第 67 页《访美四记》，作者：钱竹、胡小惟。
② 引自尹定邦主编的《设计学概论》第 14 页，湖南科学技术出版社，1999 年 8 月第 1 版。

创新篇

手绘数码版画的创作与价值研究

- 随着科技的迅猛发展，当今世界已经进入多媒体时代和读图时代。在我们的生活环境中，无时无刻不充斥着各种图像艺术的视觉轰炸。科技的进步为艺术的发展提供了新的技术手段，促使新的艺术种类和艺术形式的产生。如何使静止的、单一的传统艺术形式继续吸引人们的视觉神经，让传统的手绘得以继续保持活力，这将给新艺术表现形式的发展带来新的机遇和挑战。

环境艺术设计手绘表现

手绘表现在环境艺术设计中的重要性

- 手绘表现是环境艺术设计工作中的基本工具，是设计师的语言，在设计思维的灵感记录、方案设计的推敲完善、与业主之间的交流沟通方面，手绘表达是最直接、最有效、最通用的工具，它的应用贯穿于整个设计过程，是设计师必备的一项重要技能。
- 在计算机制图越来越普及的今天，环境艺术设计师的手绘能力逐渐下降。虽然计算机制图有着它得天独厚的优势，但它毕竟只是一种辅助工具，对于设计思维的展现，还是需要通过手绘来表现，思维创意快速闪现的瞬间，只有手绘表现能够快速地记录并表现出来。对于设计师而言，计算机制图只是一种表现设计最终效果的工具，但是手绘能力需要设计师具备一定的艺术修养、绘画能力、审美能力。设计师需要通过系统的专业学习，再经过长期专业的训练，与设计工作实际相结合，将透视学原理和设计空间尺度联系起来，方能将手绘表现熟练运用于设计工作中。所以，从长远来看，手绘表现对环境艺术设计有着重要的意义，单纯的电脑制图是无法替代创造性思维活动的。

手绘表现的创作技法

- 手绘表现的种类按材料与工具可以分成：喷笔表现图、水彩表现图、水粉表现图、钢笔淡彩表现图、彩色铅笔表现图、马克笔表现图等。
- 不同表现工具都有其不一样的特性和表现效果，同时也都有着各自的局限性，可以单独使用，也可在一张画上同时使用多种材料、工具、技法。有时候为了更好地达到要表现的设计效果，单一的表现技法会略显不足，这样就需要将几种工具综合起来运用，体现综合性表现技法。我们将这种方法统称为综合技法。
- 手绘的表现技法有限，因此我们可以借助数码版画技法进行创作思路的拓展。艺术的发展，需要艺术家不断探索与尝试，来促进新创作手法的形成和发展。

数码版画

数码版画的出现

- 数码技术图像生产的主要媒介工具已经由单一的传统绘画技术与材料演变为照相机和印刷机，传统手工绘画技术已不再是唯一的制图方式。数码版画的出现印证了它符合信息时代人类对于事物简洁、精确和高效的审美标准，这既是信息时代数码技术推动之下版画艺术前进的必然产物，也是版画艺术和数码技术相结合后得以拓展的新艺术形态。
- 在版画种类中，数码版画是一股新生力量，它打破了传统版画原有的工具媒介。在传统版画通过一次又一次的新技术和新材料的尝试之后，在科技飞速发展的时代之下，数码版画为艺术家更准确地表达创作理念和思维空间的模拟与延伸提供了便利。

数码版画与传统版画的比较

- 数码版画与传统版画在制作技法、印刷、工具和材料选用上，具有各自独特的艺术审美特征。
- 传统木版画利用凸版原理，注重木刻刀法和刀味；石版画利用平版的原理，注重油水分离的原理以及笔墨变化的韵味；铜版画利用凹版原理，注重的是各种线条的变化和腐蚀技法表现出来的趣味；丝网版画利用孔版的原理，注重的是各种绢网漏转印技术的印味。
- 数码版画利用的是数码技术制版打印输出的原理，在上机制作中，主要运用图片处理来模拟传统版画的不同表现技法与特征进行画面技法处理，最终完成绘画艺术与先进的数码技术的完美结合，其注重各种图像处理的综合运用，在尊重传统理念的原则上，强有力地表现数码视觉效果。就数码版画本身而言，艺术家制作的时候，很难预测得到它所能达到的表现程度。因此，数码版画在制作中伴随着一定的偶然性，它为艺术家提供了一个空前绝后的创造思维空间，使广大版画爱好者能够将其富有想象力的思考得以更好地呈现。

- 所以，数码版画与木版画、铜版画、石版画、丝网版画等各种版画类型是一种并列的关系，在哲学上它们是矛盾与统一的关系，是相辅相成、相互渗透、相互融合、相互转化、相互补充的，彼此之间是不可取代的关系。

手绘数码版画

手绘数码版画的创作

- 手绘数码版画，是在手绘效果图表现的基础上，运用数码版画技法进行艺术创作的新型手绘效果图表现形式。

- 版画特有的艺术语言和手工印刷出的肌理感——"印痕"非常令人着迷。在手绘表现中，如果想将手绘与版画两者结合在一起，比如要将铜版画的美柔汀技法细腻的层次感、石版画汽水墨技法在石板上堆积出来的独特肌理、丝网版画照片写实的质地和鲜明的颜色、木版画的刀法等艺术表现呈现在手绘作品中，是极其复杂的。利用数码版画加以创作，便可以先利用数码相机和扫描仪将各版种的肌理效果进行翻拍、扫描、搜集整理并导入电脑中，再根据创作需要随时应用到画面中，通过电脑软件既能方便地在手绘图上制作出传统版画固有的颗粒感、肌理感，还可以轻松地将几乎所有版种的艺术表现技法叠加到同一张手绘画面中。不仅如此，油画的笔触、壁画的质感、水彩的肌理等其他画种的技法和效果都可以借助数码版画图像虚拟的手法得以融合和体现。

- 手绘数码版画具有丰富的表现形式，能够大量地融汇版画的各个品种的表现技法，其图像处理技术，打破了画种之间的局限，让各种绘画语言和技法得以轻松成为艺术创作者的工具和素材，帮助创作者将天马行空的艺术构思更准确地传达到手绘作品中，使其具有多视角、多样化的视觉冲击力。

手绘数码版画的艺术风格

- 环境艺术设计手绘表现以及设计草图训练，是设计师的一种修行。一张具有良好表现力的手绘效果图，除了必须建立在扎实的绘画功底、独特的审美艺术修养之上，清晰、准确地传达设计理念及意图之外，还可以是一种美学的呈现，也可以是一种文化的体现。

- 数码版画通过运用数码手绘技法表现出场景所营造出来的氛围与意境，赋予手绘效果图新的"生命"和新的定义。

- 手绘数码版画技法对于建筑空间、形态结构、物像肌理、光影色调等的表现具有独特的艺术形式和艺术风格，它的艺术表现已经超越了纯粹的"效果图"

层面，达到具有独立审美意义的绘画美学高度。

- 针对手绘数码版画的研究，需要我们具有对时代价值转换的敏锐触觉，对发展着的空间符号的有效掌控，对扩展和开放视点视距的创造性发挥，对随科技进步而多元彰显的材质、光效、尺度、色彩等诸类张力的生动提取。

手绘数码版画的发展趋势与价值

- 手绘数码版画总体发展趋势是运用现代高科技数码设备进行创作，它是版画艺术和环境艺术手绘表现的融合，是数码技术、信息技术时代产生的新型艺术品种。

- 从比较专业的技术层面可对手绘数码版画作如下定义：在手绘表现效果图的基础上，利用高科技数码技术将传统版画中的造型元素，经过在电脑中转化为物质的墨点，再经过输出平台印制出来的艺术创作。

- 手绘数码版画的艺术特征要求它要更加适应当代信息技术时代变化多样的审美准则，要更加适合在多维的传播空间与用途中进行广泛的交流与合作。这样的话，手绘数码版画才有可能在当代获得更多的生存和发展空间。

- 手绘数码版画的实用价值体现在：提升设计师艺术修养、帮助思考推敲构图、准确体现设计意图、便于设计交流和提升美化设计方案等。在手绘表现效果图的基础上，加入数码版画技法，可使作品在美学价值上进入新的领域和高度。通过数码版画技法将手绘图空间想象的意境以及设计的色彩理念如同绘画作品一般充分地表现出来，有其内在的精神价值和美学品味，体现作者个人的艺术风格和思想倾向。

- 结语：环境艺术设计手绘表现是一个通过不断地推陈出新、探索创造来进行环境对象描述的过程。风格化的出现，是设计师对于客观物象拥有真情实感的流露和想象力的表现，是自我学识修养、个性气质和独立审美力的表现。艺术风格不是计算公式，不能进行照搬和模仿。在设计与表现实践中，美是艺术家追求的永恒而高尚的目标，对于这一目标的追求必定是段艰难的历程。在艺术的海洋中不断地探索和追求，是对设计师韧性、气质、品格的培养磨炼过程。

- 就环境艺术设计手绘表现而言，"约束中的自由"是手绘表现对技法的认知和表现思想在实践中逐渐归于成熟的表现。用艺术手法将精神和生命注入环境形象是手绘表现的艺术目标，充满艺术化风格的手绘表现，可以感染和触动人的审美意识，使之感受艺术的神韵，由此进入到美的意境中。这便是手绘数码版画表现创作研究的价值所在。

参考文献

[1]   王鑫 . 高校室内设计专业实践课程教学改革与探索 [J]. 现代商贸工业，2011(19):202-203.

[2]   潘珩 . 室内设计专业计算机辅助设计课程教学改革实践 [J]. 中国职业技术教育，2011(8):9-11.

[3]   廖风华 . 高职环境艺术设计专业课程体系探讨 [J]. 高等建筑教育，2009,18(2):42-44.

[4]   （美）简 · 尼尔森，琳 · 洛特，斯蒂芬 · 格伦 . 教室里的正面管教 [M]. 梁帅，译 . 北京：北京联合出版公司，2014.

[5]   （美）亚瑟 · 乔拉米卡利 . 共情力 [M]. 梁帅，译 . 北京：北京联合出版公司，2017.

[6]   谢俊东 . 计算机时代下的手绘设计再思考 [D]. 桂林：广西师范大学，2008.

[7]   冯信群 . 设计的图解思考方法 [J]. 东华大学学报，2001,27(5):33-39.

[8]   秦杨 . 数码技术在当代版画创作中的运用 [J]. 美与时代，2009(11):68-69.

[9]   易阳，陈曦，秦杨 . 面向未来的数码版画艺术 [J]. 中国版画，2007(29):53.

[10] 黄可一 . 继续探索数码版画 [D]. 北京：中央美术学院，2006.

后记

回顾过往，我算是个虽然努力但并没有长远人生规划的人，似乎一切顺理成章。父母从原中央工艺美术学院毕业后到了沈阳工作，于是我出生后不久就从北京到了沈阳，成为鲁迅美术学院（简称"鲁美"）的"大院子弟"。由于周边环境、耳濡目染以及遗传基因的缘故，我自幼喜欢画画，自懂事起就把高考的目标限定在八大美院的范围。鲁美的资深老艺术家如许勇教授、赵大钧教授等，都是鲁美大院里当初教我们画画的帅叔叔们。

1989 年 8 月的暑假，在没有任何心理准备的情况下，我跟随父母从鲁美南下到了汕头大学，那年才 16 岁的我，突然告别了昔日好友来到陌生的南方，非常不情愿地进入了当时已有百年历史的广东省重点学校金山中学，人生轨迹也因此改变……因为有鲁美大院和金山中学的学习经历，在 1992 年的高考中，我的专业课和文化课都获得了全省第二名的好成绩，在 400 多名环境艺术专业考生中脱颖而出，考入了广州美术学院（简称"广美"）设计系的环境艺术设计专业，有幸成为广美第三届的环艺生。

手绘建筑画的高峰期，应是 20 世纪 80 年代的中期到 90 年代的早期。那时正逢中国改革开放的大规模基础建设时期，大量的建筑工程为院校学生提供了建筑表现图实践的充裕机会。在那段尚无电脑辅助设计和表现的时代，手绘表现自然成为包括我在内的设计专业学生们的第一爱好。尝试不同的风格，成为大家探索建筑画风的最大兴趣。也是从那时起，我对手绘表现图开始了执着的探索，并对自己提出了更高的要求。

1996 年大学毕业，我就职于广美下属的广东省集美设计工程公司，成为一名职业设计师，在此期间也同时担任广美环艺专业的基础课教学老师，手绘表现就是我当时教授的课程之一。因教学和科研的需要，2004 年我编著出版了我的第一本手绘表现教材《室内外设计快速表现》，之后应江苏科学技术出版社之邀，又和张心老师一起编著了第二本手绘表现教材《从基础到风格——室内外手绘教程》。令我意外的是，15 年前所著的第一本教材被多次再版和盗版后仍然沿用至今；而值得欣慰的是，我的第一本教材还有幸成为建筑和环艺专业学生考研必备的参考用书之一。今年 4 月，承蒙中国建筑工业出版社编辑胡毅先生的邀请，我开始着手编著自己人生中的第三本手绘教材《空间·建筑·环境设计快速表现》。近十几年来，无论是本科就读还是研究生学习，无论是项目主持还是全国获奖，通过大量设计实践以及设计教学，我都不断在尝试手绘效果图表现技法的方式、方法及手段，并努力使其系统化，以求手绘快速表现教程能进一步优化与完善。

在数码时代，高科技虽使设计表现方法不断更新，但记录设计思维过程的快速手绘表现仍是设计师的重要工作手段。作为设计教育工作者和环境艺术设计者，我们仍然需要手绘表现的传承和发展。这本编辑出版的教材，既详述了手绘的基础理论知识，以及手绘在初步设计阶段的普遍应用性，同时也是本人和其他一些优秀设计师手绘设计作品的展示。希望本书能给予需要它的读者更多的分享、参考、帮助和启发。

感谢中国高等教育学会设计专业委员会副主任、中国室内装饰协会副会长赵健教授，他在百忙中为本书所写的序言，完整地描述出在空间、建筑及环境等范畴中，"制图学逻辑"、"剖切视向"、"变形反射"等如何与手绘表现相互投射，进而丰富并改善了手绘快速表现所涵盖的层次和所呈现的属性，这些高屋建瓴的归纳和解析，大大提高了本书的学术水准。我还要感谢广州美术学院城市学院对我教学工作和学术研究的信任、支持和鼎力；感谢马克辛教授、夏克梁教授、耿庆雷副教授、李明同副教授对此书编写的支持和鼓励；感谢我的老同学GLC商业规划设计机构设计总监、董事合伙人李小霖先生对我编书工作一如既往的支持！感谢我昔日的学生、现在的同事杨斌平老师，感谢他帮助我一起完成本书繁杂的编写工作。此外，还要感谢父母对我的培养，感谢家人对我工作的支持！感谢各位读者朋友阅读此书！

2018 年 12 月 18 日